26 # 自动世界

科普通鉴

丛书主编 李建中
丛书副主编 谈朗玉 李大东 张令朝
本卷主编 张 元

KEPU TONGJIAN
ZIDONG SHIJIE

中国科学技术出版社
河南科学技术出版社

图书在版编目（CIP）数据

自动世界/张元主编. —郑州：河南科学技术出版社，2013.10
（科普通鉴/李建中主编）
ISBN 978-7-5349-6600-2

Ⅰ.①自… Ⅱ.①张… Ⅲ.①自动化技术-普及读物 Ⅳ.①TP-49

中国版本图书馆 CIP 数据核字（2013）第 227594 号

出版发行：中国科学技术出版社
地址：北京市海淀区中关村南大街 16 号　邮编：100081
电话：（010）62106522
网址：www.cspbooks.com.cn
河南科学技术出版社
地址：郑州市经五路 66 号　邮编：450002
电话：（0371）65737028
网址：www.hnstp.cn
统筹编辑：尚伟民　蒋云鹏　徐　涛
策划编辑：李喜婷　冯　英
责任编辑：张　建
责任校对：柯　姣
封面设计：赵　钧
版式设计：赵玉霞
责任印制：朱　飞
印　　刷：郑州金秋彩色印务有限公司
经　　销：全国新华书店
幅面尺寸：185 mm×260 mm　印张：10.5　字数：171 千字
版　　次：2013 年 10 月第 1 版　2013 年 10 月第 1 次印刷
定　　价：32.00 元

《科普通鉴》丛书

主　编　李建中

副主编　谈朗玉　李大东　张令朝

《科普通鉴·自动世界》编委会

序

科技是人类智慧的伟大结晶，创新是文明进步的不竭动力。

回首文明历程，是科技之光涤荡了人类历史上蒙昧的阴霾，是科技之火点燃了人类心灵里求知的火焰，是科技之灯照亮了人类发展中光辉的前程。科学技术的每一次重大突破，每一项发明创造的诞生，都使人类对客观世界的认识发生质的飞跃，都使人类改造世界的能力得到革命性的提升。18世纪后的几百年，是科学技术突飞猛进的历史时期。数学、物理、化学、天文学、地学和生物学等各个领域的研究均取得了空前成就，并引发了一次又一次重大理论革命，其中，最具划时代意义的莫过于牛顿力学、相对论和量子力学的创立。与此同时，深刻改变人类生存状态和生产、生活方式的发明创造也纷纷问世。在不计其数的发明、发现中，蒸汽机、电话、火车、汽车、医用X光片、青霉素、DNA双螺旋结构、火箭、阿波罗10号太空舱、计算机等无疑是改变世界的重大发明、发现与创造。

放眼新的世纪，科技已经成为推动经济社会快速发展的主导力量和创造社会财富的主要源泉，成为国家间、区域间竞争的核心和推动未来发展的决定性力量。为了在竞争中取得优势地位，各国、各地区，特别是发达国家及地区都高度重视科技创新和发展。在此背景下，全球创新浪潮此起彼伏，科技发展日新月异，创新成果大量涌现。人类基因组序列图完成、细胞重新编程技术、人类最早祖先确定、宇宙存在暗物质的猜想被证实、干细胞研究的新进展、纳米技术研究的新突破、欧洲强子对撞机启动、人类探测器创最远纪录和七大数学难题之一——庞加莱猜想被证明等被认为是近十年来取得的最具科学价值，并可能对人类生存与发展产生重大影响的重大科技成就。

在人类文明的历史长河中，科学技术虽然得到了空前发展，取得了辉煌成就，但在前进的道路上依然有无数难题等待我们去破解，众多未知世界等待我们去认识。随着人口数量的急剧增加，自然资源的逐渐枯竭和生态环境的日益恶化，人类正面临前所未有的生存挑战和危机。毫无疑问，应对挑战、解决危机，只有依靠科技的不断创新与发展。在可以预见的未来，为了拓展生存空间，提高生存质量，必将掀起一场以信息科技革命为先导、新材料科技为基础、生命科技为核心、新能源科技为动力、海洋科技和航天科技为内拓和外延的新的科技创新浪潮。伴随新一轮科技创新浪潮的到来，新的发明创造也必将与日俱增。有科学家预言，未来百年，人体器官克隆再造、灭绝动物复活、战胜癌症、建造星际飞船和太空电梯等梦想可能变为现实。

当前，亿万中华儿女正在为实现中华民族伟大复兴的“中国梦”而努力奋斗。实现这一百年梦想，关键在于弘扬创新精神，增强创新能力，加快创新步伐，让科技之花在创新中萌芽，在创新中成长，在创新中绽放。

发达国家的经验昭示我们，加快科技创新，提高科技水平，既要依靠科技精英们的刻苦攻关，发明创造，也有赖于公民科学素质的普遍提高。有调查显示，我国公民的科学素质水平较发达国家差距甚大，与走中国特色的自主创新之路、建设创新型国家的要求相去甚远。为尽快提升我国公民的科学素质水平，从2006年起我国启动了旨在推动公民科学素质建设的全民科学素质行动计划，希望到2020年，公民科学素质在整体上有大幅度提高，达到世界主要发达国家21世纪初的水平。

科普图书是展示科学技术的重要窗口，是普及科技知识的重要载体，也是传播科技文明的重要途径。国内外都十分重视科普图书的创作出版。在琳琅满目的科普图书作品中，不乏影响深远的精品力作。这些作品为传播科技文明、普及科学知识做出了历史性贡献。时代在进步，科技在发展。紧跟时代步伐，把握科技动态，繁荣科普创作，不断创作出版符合时代特点、反映当代科技发展水平的科普图书精品，不仅是加强公民科学素质建设，提升公民科学素质的迫切要求，也是科技界有识之士的共同心声。

科学技术协会是新中国科普事业的主要开创者和推动者。在开展公民科学素质建设，提高公民科学素质水平的历史进程中，肩负着重要责任和神圣使命。我们组织编写的这部《科普通鉴》丛书既是履行"责任"和"使命"，也是对科技界有识之士呼声的积极响应。

20世纪中叶以来，科学技术进入了多科交叉、互为渗透、综合发展的历史时期，形成了学科林立、知识纷繁的新格局。面对浩如烟海的科学世界，如何确定这部书的编写原则和选题范围是应当首先解决的问题。经与有关专家学者反复研究论证，我们确定了"通览科技文明，鉴取创新精粹"的编写原则，并确定从理、工、农、医和高新科技五大领域中选取26个公众关注度较高的热点选题，按26卷组织编写这部丛书。

面向具有中等以上文化程度的青少年、农民、城镇劳动者、城市社区居民、领导干部和公务员等重点人群，弘扬科学精神，传播科学思想，倡导科学方法，普及科学知识是编写本书的出发点和根本目的。考虑到读者对象年龄、职业、身份的多样性和对知识需求的差异性，本书着重介绍具有基础性、通用性、新颖性和前瞻性的知识，读者可以根据自己的需求或兴趣进行阅读；在阐述方法上尽可能做到重点突出，脉络清晰，尽可能融入人文精神，体现人文情怀，避免科技知识的简单介绍和罗列；在语言风格上力求文笔流畅，深入浅出，生动活泼，雅俗共赏，以达引人入胜的效果。

选择高水平的主编是编好这部丛书的关键。为此，我们发挥科学技术协会学会众多，学科齐全，人才荟萃，联系广泛的优势，面向省内外征集各卷主编候选人。最后经全面比较，优中选优，确定了各卷主编人选，为本书的编写出版奠定了坚实基础。在此我们谨向为本书主编遴选、编写、出版给予大力支持的河南省医学会、气象学会、农学会、地理学会、地震学会、地质学会、机械工程学会、反邪教协会和省气象局、郑州大学、河南大学、河南农业大学、河南工业大学、河南科技大学、河南中医学院、河南科技学院、河南轻工业学院、《太空探索》杂志社、河南科技报社、河南科技活动中心、中国科学技术出版社、河南科学技术出版社等学（协）会和单位表示诚挚的感谢！

作为一部多达26卷的大型科普丛书，其涉及领域广，学科多。在内容上为了尽可能避免交叉重复或矛盾冲突，在体例和语言风格上为了尽可能保持相对统一，我们制订了较为详细的编写方案，对各卷的内容范围和全书的体例风格做了必要界定和规范。但是，由于我们学识水平有限，统筹协调不够，编写时间仓促，加之一些担任主编的同志是首次承担科普类作品的编写任务，缺乏相应经验，所以，虽然付出了大量心血，个别卷仍然存在内容取舍不够得当，语言风格不够生动活泼等问题。这些缺憾，我们将在再版重印时加以修订改进。诚恳希望广大读者对本丛书的修订改进提出宝贵意见和建议，以便再版时提高质量。

河南省科学技术协会主席、党组书记　李建中

2013年6月

目　录

引　言

自动化，是为人类自身生产、生活服务的，是人们追求的目标。

长期以来，人们对自动化的理解是“以机械的动作代替人力操作，自动地完成特定的作业”。这实质上是自动化代替人的体力劳动的观点，但随着电子和信息技术的发展，特别是计算机的出现和广泛应用，自动化的概念已扩展为用机器（包括计算机）不仅代替人的体力劳动，而且还代替或辅助人的脑力劳动，以自动地完成特定的作业。

人类诞生至今，几乎地球上每个独立的文明都曾对自动化进行过独立的探索，包括四大古国和其他远古文明的哲学家、科学家乃至文学家在内的先贤们，对自动化原理和技术的探索也从未停止过。由于对自动化终极追求目的上的一致性和人类感官系统的相似性，在自动化的发展上，不同的文明与国家之间可以说是殊途同归。

一、从古希腊“太罗斯”到诸葛亮“木牛流马”，东西方在自动化探索中各自迈出第一步

古希腊神话中，描写了发明家戴达罗斯用青铜为克里特岛国王迈诺斯塑造了一个卫士“太罗斯”，它是以水、空气和蒸汽压力为动力的会动的雕像，它可以自己开门，还可以借助蒸汽唱歌。

无独有偶，根据我国史料记载，西周能工巧匠偃师也制出了能歌善舞的“伶人”，这也是中国最早有记载的机器人。然而这些都还只是史料中简单的描绘甚至是神话传说，并没有对自动化设备的原理乃至构造做任何有力说明，但神话其

实就是人类对自身缺点的反省，对超越自身能力的思考，对未来愿望的理想化。因此可以说，在远古时期人类就开始对自动化进行思考和实践活动了。

在我国，更加广为人知的木牛流马则可追溯到春秋末期。王充在《论衡》中记载：鲁国工匠鲁班为其老母巧工制作过一台木车马，“机关具备，一驱不还。”鲁班之后大约700年，三国时期的诸葛亮发明了木牛流马，用其在崎岖的栈道上运送军粮，且“人不大劳，牛不饮食”。《三国志·诸葛亮传》记载：“亮性长于巧思，损益连弩，木牛流马，皆出其意。”《三国志·后主传》记载：“建兴九年，亮复出祁山，以木牛运，粮尽退军；十二年春，亮悉大众由斜谷出，以流马运，据武功五丈原，与司马宣王对于渭南。”给《三国志》做注的南北朝时期的裴松之，在注中引用了现在已经失传的《诸葛亮集》中有关木牛流马的一段记载，对木牛的形象做了描绘，对流马的部分尺寸做了记载。诸葛亮造出木牛流马200年后，南北朝时期的科技天才祖冲之也造出了木牛流马。《南齐书·祖冲之传》说：“以诸葛亮有木牛流马，乃造一器，不因风水，施机自运，不劳人力。”

二、从“安提基特拉机械”到电子计算机，自动化发展进程中始终离不开逻辑和计算基础

1900年10月，潜水员在希腊安提基特拉岛Glyphadia海岸外的沉船中发现大量的艺术品，其中还包括一部奇怪的机器。1902年5月17日，考古学家维拉理奥斯·史大理斯清理沉船中的物品时发现一个齿轮嵌在一块岩石中，史大理斯一开始认为这是天文钟，但多数学者认为这物品和同时期发现的其他东西相较之下太过复杂。这就是安提基特拉机械，是目前所知最古老的复杂科学计算机。

它为什么会在货船上已经无从得知。研究者认为该船可能是从安提基特拉岛上掠夺的物品，要送往罗马在尤利乌斯·恺撒的凯旋式上展示。它含多个齿轮，被认为是世界上第一个模拟计算机，可能是依照古希腊天文学家发展的天文学和数学理论制造的，其年代可能是公元前150到前100年之间。安提基特拉机械的小型化和其部分装置的复杂性，可与19世纪机械钟表相比，它上面的齿轮超过30个，有人推测可能有多达72个带正三角形齿的齿轮。由一个曲柄输入一个日期，该机械就可算出日月或行星等其他天体的位置。

时至今日，随着现代自动控制技术在制造业领域的大规模运用、互联网与电

子计算机的普及、办公自动化和家居智能化的实现，人类在自动化探索和发展的过程中已经逐步进入了成熟期，但不论是古希腊的安提基特拉机械还是现在的电子计算机，其基本原理都是通过机器进行一系列逻辑和运算，从而得到预先希望的效果。在这个过程中，人的智慧起主导作用，机器处于从属和辅助的地位。未来不论自动控制理论和实践取得多么大的进展，逻辑和计算基本原理仍然是自动化乃至整个电子信息科技和工业的基石。

三、从古希腊庙门自动开启到瓦特的蒸汽机调速器，自动装置的发展与应用历程

自动装置的出现和应用在18世纪以前。早在1世纪，古埃及和希腊的发明家就创造了一些机器人或机器动物来适应当时宗教活动的需要。到近代，17世纪以来，随着生产的发展，在欧洲的一些国家相继出现了多种自动装置。

18世纪末至20世纪30年代，是自动化技术的形成时期。社会的需要是自动化技术发展的动力。自动化技术是紧密围绕着生产、军事设备的控制以及航空航天工业的需要而形成和发展起来的。

四、从二次开发应用到自主创新，我国自动化发展历程和前景展望

我国工业控制自动化的发展道路，大多是在引进成套设备的同时进行消化吸收，然后进行二次开发和应用的。目前我国工业控制自动化技术、产业和应用都有了很大的发展，我国工业计算机系统行业已经形成。工业控制自动化技术正在向智能化、网络化和集成化方向发展。

从20世纪60年代开始，西方国家就依靠技术进步（新设备、新工艺及计算机应用）开始对传统工业进行改造，使工业得到飞速发展。20世纪末，世界上最大的变化就是全球市场的形成。全球市场导致竞争空前激烈，促使企业必须加快新产品投放市场时间（Time to Market）、改善质量（Quality）、降低成本（Cost）以及完善服务体系（Service），这就是企业的T. Q. C. S.。虽然计算机集成制造系统（CIMS）结合信息集成和系统集成，追求更完善的T. Q. C. S.，使企业实现“在正确的时间，将正确的信息以正确的方式传给正确的人，以便做出正确的决策”，即“五个正确”。然而这种自动化需要投入大量的资金，是一种高投资、高效益同时是高风险的发展模式，很难为大多数中小企业所采用。

在我国，中小型企业及准大型企业走的还是低成本工业控制自动化的道路。20世纪90年代以来，由于PC－based工业计算机（简称工业PC）的发展，以工业PC、I/O装置、监控装置、控制网络组成的PC－based自动化系统得到了迅速普及，成为实现低成本工业自动化的重要途径。

从1952年美国麻省理工学院研制出第一台试验性数控系统，数控技术到现在已走过了几十年的历程。近年来，随着计算机技术的飞速发展，各种不同层次的开放式数控系统应运而生，发展很快。目前正朝着标准化开放体系结构的方向前进。我国自动化控制系统的开发与生产，通过“七五”引进、消化、吸收，“八五”攻关和“九五”产业化，取得了很大的进展，基本上掌握了关键技术，建立了数控开发、生产基地，培养了一批人才，初步形成了自己的自动化产业，也带动了机电控制与传动控制技术的发展。进入21世纪，人类社会将逐步进入知识经济时代，知识将成为科技和生产发展的资本与动力，而自动化技术的战略性重要地位、受重视程度，也将更加鲜明突出。

1　赋予物体“生命”的自动化技术

在当前的人类社会中，自动化技术已经渗入了我们生产、生活的方方面面，不管是在工业、农业、军事、国防事业中，还是在人们的衣、食、住、行中。自动化技术对人类进步和社会发展具有巨大的推动作用，你能想象得到，如果没有自动化技术，没有自动化设备和自动化机械，全靠人力工作的世界会是什么样的吗？

金字塔不是一天建起来的，万里长城也不是一朝一夕之功。同样，自动化技术和自动控制的出现和发展也是经过了很漫长的一段时间。那么自动化技术是怎样一步一步发展起来的呢？它经过了一个什么样的发展过程呢？未来的发展方向又是什么呢？作为一个学科的自动化是怎样分类的呢？它具有怎样的知识体系结构呢？在本章中将给大家一一道来。

1.1　无处不在的自动化应用

人类自开始进行劳动以来，就一直梦想着制造出无需人的参与就可以自己完成任务的劳动工具。

从刀耕火种的年代起，人们就梦想着省时省力地生产出更多的东西，来满足人们生活的需要。在几千年的生产过程中，人们发明了很多节省力气的工具，如在河流上建造的水车（图 1－1）。它可以通过水的冲击带动轮子转动，实现灌溉、淘米等工作。

伴随 1788 年工业革命的到来，自动化的发展加快了步伐，人们开始用机器代替人类完成一部分工作。还记得卓别林大师表演的无声电影《摩登时代》吗？

图 1-1　水车

它很好地记录了工业自动化带给人们的轻松快乐，以及人在流水线上显出的难以适应的无奈。值得一提的是工业革命时期瓦特最著名的发明——蒸汽机，它大大改变了人类的社会生产活动。此后，人们一直在探索，尤其是在第二次世界大战期间，各国政府积极研究制作战争武器、设备和装备，为自动化技术的应用提供了舞台。1948 年，美国应用数学家诺伯特·维纳发表了自动化的理论基础著作——《控制论》，这标志着自动化技术的正式诞生。

控制论作为自动化技术的理论基础从诞生到现在，在工农业生产、交通运输、国防建设和航空航天事业等各个领域大显身手，得到了广泛的应用。上至天上飞的太空飞行器、人造卫星等，下至水下游的潜艇、水下机器人等；大至飞机、飞行器，小至自动门锁、电子钱包……无处不存在着自动化技术的应用。图 1-2~图 1-5 为自动化技术应用举例。

图 1-2　人造地球卫星的发射系统

图 1-3　具有雷达自动跟踪的导弹系统

图 1－4　交通系统

图 1－5　自动化技术应用于工业生产中

进入 21 世纪以来，伴随着科学技术和经济的发展，自动化技术更快地满足了人们日益增长的需求，进入飞速发展阶段。在我们的生活中，自动化技术无处不在，与我们息息相关。生活中我们无时无刻不在和自动化技术打交道，到处是高端智能的自动化产品，比如下面我们居家使用的各种电器：

数字智能锁。它是一种小型数字自动化设备，无需钥匙，即可打开一扇门。如我们住酒店时的开门卡，在锁孔处一放，即可打开房门。

洗衣机。众所周知，它是数字自动化的很好体现。我们只需轻轻按一下键，洗衣机就可以自动完成一系列的洗衣程序。

电视机、空调。它们的遥控开关，也靠数字自动化实现。

电风扇。它的驱动机构是电动机，执行机构是扇叶，控制扇叶运转采用的也是自动化技术。

微波炉、电饭煲。它们可以自动控温，并有预约功能，让人们可以轻松地烹饪食物。

总之，生活中时时、处处都有自动化技术的应用。那么，自动化技术是什么时候开始出现的，它又经过了怎样的发展过程呢？让我们来了解一下它的历史背景吧。

1.2 自动化技术的前世今生

1.2.1 我国古代的自动化装置

我国自动化的历史可以一直追溯到两千多年以前。最具代表性的是我国汉代的指南车。指南车不仅是我国古代伟大的发明之一，也是世界上最早的应用控制论的机械。英国著名科学史专家李约瑟曾说，中国古代的指南车（图 1－6）“是人类历史上迈向控制论机器的第一步”，是人类“第一架体内稳定机”。

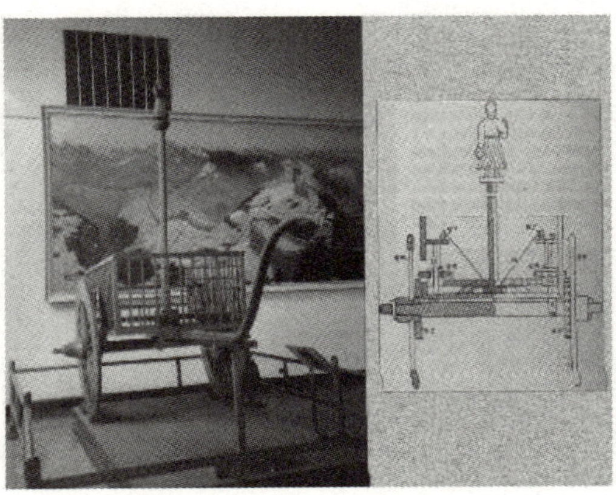

图 1－6 指南车

图 1－7 自动计时漏壶

除了指南车，在我国古代还出现了许多具有其他用途的自动装置，比如说：

（1）自动计时器——漏壶（图 1－7）

我国现存最完整的成组滴漏是元代仁宗延祐三年（1316 年）铸造的。它由 4 个放在阶梯上的漏壶组成，由上而下分别为日壶、月壶、星壶和最底下一层的受水壶。在日、月、星壶的底部各有一个出水的龙头。受水壶壶盖正中立一铜表尺，上有时辰刻度。铜尺前放一木制浮箭，木箭下端是一木板，叫浮舟。水由日壶按次沿龙头滴下，使得受水壶中的水随时间的推移而逐渐增加，浮箭逐渐上升，从而读出一天12个时辰（1个时辰=2小时）时间。

（2）自动记载行车里程的车辆——记里鼓车（图1-8）

记里鼓车分上下两层，上层设一钟，下层设一鼓。记里鼓车上有小木人，车走十里，木人击鼓一次，当击鼓十次，就击钟一次。这个原理同我们现在的十进制的计数器有异曲同工之妙。

图1-8 记里鼓车

（3）显示星空运行规律的天文仪器——浑天仪

它的主要组成部分有漏壶、一种称为浑象的仪器和一套转动机械。它是利用漏壶的流水转动机械来控制浑象，使它与天球同步转动，以显示星空的周日视运动（由于地球每天从西向东自转一周，造成太阳每天早上从东方升起，晚上从西方落下的自然现象。因为这种现象是地球自转造成的人的视觉效果，所以天文学上把太阳的这种运动叫作周日视运动），如恒星的出没和中天（天体经过观测者的子午圈）等。

（4）测量地震的——候风地动仪（图1-9）

候风地动仪用精铜制成，外形像一个大型酒樽。里面有精巧的结构，主要为中间的都柱（相当于一种倒立型的震摆）和它周围的八道（装置在摆周围的8组机械装置）。在樽的外面相应地设置8条口含小铜珠的龙，每个龙头下面都有一只蟾蜍张口向上。如果发生较强的地震，都柱因受到震动而失去平衡，这样就会触动八道中的一道，使相应的龙口张开，小铜珠即落入蟾蜍口中，由此便可知道地震发生的时间和方向。值得一提的是，浑天仪、地动仪和记里鼓车都是由1 800多年前的汉代大科学家张衡发明的。

（5）集观测天象的浑仪、演示天象的浑象、计量时间的漏刻和报告时刻的机械装置于一体的综合性观测仪器——水运仪象台（图1-10）

它实际上是一座小型的天文台。这台仪器的制造水平堪称一绝，充分体现了我国古代人民的聪明才智和富于创造的精神。

图 1-9　候风地动仪

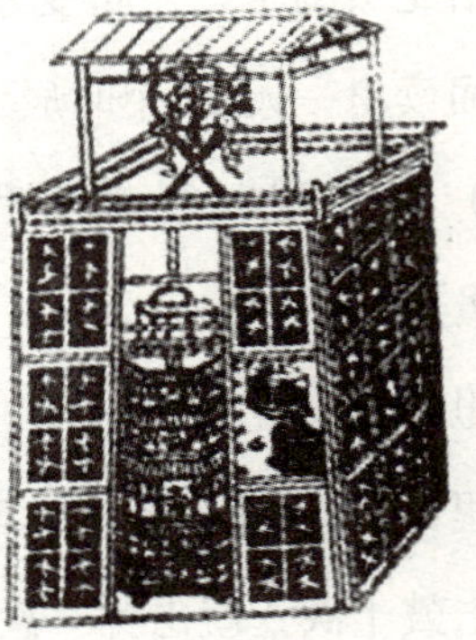

图 1-10　水运仪象台

1.2.2　自动化技术的发展阶段

上节提及的古代发明是自动化技术应用的雏形，是人们聪明才智的体现。概括起来说，自动化技术的发展大致可以分为以下几个阶段。

（1）第一阶段：自动化技术萌芽期——自动装置的出现和应用（18 世纪以前）

早在 1 世纪，古埃及和希腊的发明家们为适应当时宗教活动的需要，创造了一些自动装置。如教堂庙门自动开启装置、铜祭司自动洒圣水装置、投币式圣水箱和教学门口自动鸣叫的青铜小鸟等。

17 世纪以来，随着生产的发展，在欧洲一些国家相继出现了多种自动装置，比较典型的像法国物理学家 B. 帕斯卡在 1642 年发明的能自动进位的加法器；荷兰机械师 C. 惠更斯于 1657 年发明的摆钟（利用锥形摆作调速器）；英国机械师 E. 李 1745 年发明的带有风向控制的风磨（它是利用尾翼来使主翼对准风向的）；俄国机械师 И. И 波尔祖诺夫 1765 年发明的浮子阀门式水位调节器，用于蒸汽锅炉水位的自动控制。

（2）第二阶段：自动化技术形成期（18 世纪末至 20 世纪 30 年代）

公认的自动化技术始于 18 世纪前后，当时工业革命正在英国如火如荼地开展，社会对动力的需求急剧增加，因此加速驱动了自动化技术在工业上的应用。1788 年，瓦特为了解决工业生产中提出的蒸汽机的速度控制问题，把离心式调速器与蒸汽机的阀门连接起来，构成蒸汽机转速调节系统（图 1 – 11），使蒸汽机变为既安全又实用的动力装置。这项发明对第一次工业革命和控制理论后来的发展产生了重要影响。所以说，推动自动化技术发展的不竭动力源泉更多是来自迫切的社会需要。

但是，当人们在使用蒸汽机的时候，就发现其转速不够稳定，为解决这个问题，飞球转速控制器即离心调速器诞生了。可是，人们在使用中很快又发现，有的蒸汽机飞球转速控制器在投入运行后，蒸汽机的转速产生周期性的大幅度波动，无法正常工作。用现在的话来说，就是系统极不稳定。那个时候，人们还没有系统的概念，也没有反馈的概念，无法从理论上解释这种不稳定现象。人们就反复地在蒸汽机的制造工艺上盲目地摸索，努力减小摩擦，调整弹簧，等等。这种情况持续了大约一个世纪之久，蒸汽机转速的不稳定问题引起了许多科学家的注意。

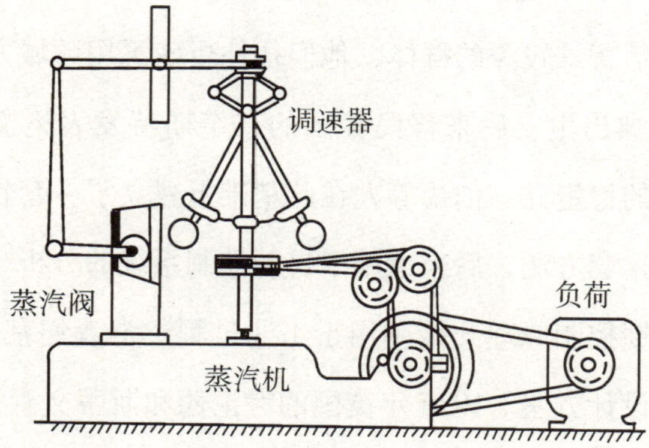

图 1 – 11　瓦特蒸汽机转速调节系统

直到 1868 年，提出了电磁波理论的英国物理学家麦克斯韦尔，把蒸汽机的调速过程变成了一个线性微分方程的问题，并总结了调节器的理论。而后他的学生 E. 劳斯找到了根据微分方程的系数判别系统稳定性的方法，这就是自动控制理论中有名的劳斯判据。之后德国的霍尔维茨，利用解决瑞士达沃斯电厂一个蒸汽机调速系统的设计问题的时机，使用了这个稳定性理论，还独立地提出了霍尔维茨判据。劳斯判据和霍尔维茨判据在经典控制理论中具有举足轻重的地位，为人们判别系统的稳定性提供了可靠的理论依据。

在此我们要说一下劳斯判据与霍尔维茨判据。这两个判据都是通过研究系统的微分方程，在时间域内分析系统的稳定性。而频率域（简称频域）与时间域（简称时域）存在一定的对应关系。一般而言，信号在一个周期 T 时间内变化的次数，称为频率，用 f 表示，且有 $f=\frac{1}{T}$，通常频域用信号变化的角速度 ω 作为自变量，其中 $\omega=2\pi f$。

历史的车轮滚滚向前，到了 20 世纪，在通信技术、电子技术的发展和战争因素的推动下，自动控制技术与自动控制理论开始进入快速发展时期。让我们回想一下它们都有哪些应用。

1927 年，美国贝尔实验室的布莱克为了解决电话长距离传输时信号畸变的问题，利用负反馈原理设计了电子管放大器，可是又出现了放大器振荡引起声音啸叫的现象。导致系统不稳定性的原因是系统的微分方程阶数较高（甚至高于 50 阶）。由此发现，劳斯判据对阶次高的微分方程不够适用。可是贝尔实验室的工程师们是一个通信背景较深的群体，他们往往更熟悉用频域方法解决问题。

1932 年，在瑞典出生、后来移民美国的奈奎斯特发表论文，提出采用图形的方法来判断系统的稳定性。伯德等人在此基础上建立了一套在频域范围设计反馈放大器的方法。这套方法，后来也用于自动控制系统的分析与设计。

与此同时，反馈控制原理开始应用于工业过程。学者们基于反馈控制理论，提出各种控制器的设计方法。1936 年英国的考伦德和斯蒂文森等人，给出了 PID 控制器的设计方法。时至今日，PID 控制仍是活跃在自动控制领域非常重要的控制方法，这种控制方法适合各种不同的被控对象。那么到底什么是 PID 控制？PID 又是什么？其中的“P”（Proportional）为比例，“I”（Integrative）为积分，“D”（Derivative）为微分。PID 控制是将经过反馈后得到的误差信号分别进行比例、积分和微分运算后再叠加，得到控制器的输出信号。

1942 年，哈里斯提出传递函数的概念，为描述线性定常系统提供了数学描述方法。传递函数不同于普通函数，它表示系统在零初始条件下，系统输出量的

Z变换$Y(s)$和输入的Z变换$U(s)$之比，即$G(s)=\frac{Y(s)}{U(s)}$，$G(s)$为传递函数。而系统输出量也称为响应，输入量也称为激励。当我们知道系统的传递函数和系统的输入时，就很容易求出在此输入条件下系统所产生响应的大小。传递函数或传递函数模型的方法是我们在频域内对系统进行分析和计算的基础，同时也是后来的根轨迹法的基础。

1948 年，伊万斯在将频域方法应用于飞机导航和控制时遇到了困难，于是他又回到特征方程的思路上，并提出了根轨迹法。

同年，由数学家维纳撰写的《控制论》出版面世，标志着控制论的正式诞生，也是自动控制科学的里程碑。

（3）第三阶段：自动化技术的重要分支——控制理论的发展（20 世纪 40 年代以来）

控制理论以传递函数为起始期，历经七十余年的发展，经过从经典控制理论、现代控制理论、大系统理论到现在的智能控制理论的发展历程。

1）经典控制理论：20 世纪四五十年代。

经典控制理论以传递函数为基础，以频率法和根轨迹法作为分析和综合系统的基本方法，对单输入单输出控制系统进行分析与设计。

2）现代控制理论：20 世纪 60 年代获得迅猛发展。

现代控制理论是在经典控制理论的基础上，于 20 世纪 60 年代后发展起来的。

随着第二次世界大战的结束和冷战的开始，东西方阵营开始在航天和航空领域进行竞争，迫切要解决飞机、导弹和航天器的控制问题。由于受到飞机或火箭携带燃料数量的限制和约束，为了节省燃料、缩短飞行时间，人们开始想办法控制航天器或飞行器的运动轨迹，达到缩短路径的目的。这使得最优控制理论得到快速发展。

在这个时期，众多的数学家、科学家投入自动控制理论的研究，产生了丰硕的成果。如从力学中引进了状态空间的概念；美国数学家贝尔曼讨论了应用动态规划理论解决有约束的最优控制问题；匈牙利裔的美国数学家卡尔曼建立了基于线性二次型性能指标的最优控制问题，并提出卡尔曼滤波，至今仍在自动控制领域发挥重要作用。

随着电子计算机的应用，人们普遍认为，自动控制理论开始进入“现代控制理论”的阶段。那么，现代控制理论与经典控制理论有怎样的不同呢?

现代控制理论以状态空间为基础，研究多输入、多输出、时变参数、分布参数、随机参数、非线性等控制系统的分析和设计问题。比如前面提到的飞机、导弹、航天飞行器等控制系统，它们的输入变量、输出变量参数往往是多个。像飞机的角度变量就有俯仰角、偏航角、滚转角，对应的输入力矩有俯仰力矩、偏航力矩和滚转力矩，这些参数随着时间的变化也是不断变化的。并且外部环境因素像天气、风力等也是随机变化的，不是按照比例变化的，这就使得系统随着输入量的改变，它们的输出量不是成比例变化，也就是具有非线性。

3）经典线性控制理论与现代线性控制理论的不同，主要有以下几个方面。

第一，研究对象不同。前者以单输入单输出线性系统为对象，后者一般是多变量线性系统。

第二，系统内部状态变量不同。后者除输入和输出变量外，还描述系统内部状态的变量。

第三，分析和综合方法不同。前者采用频域法，后者以时域方法为主。

第四，可用工具方面不同。后者的可用工具远远多于前者的。

4）大系统理论：20 世纪 70 年代开始。

大系统理论是关于大系统分析和设计的理论。顾名思义，大系统就是指规模庞大（即系统中的变量数目众多、系统的结构复杂、包括环节、层次较多或关系复杂)，所要达到的目标多样，影响系统的因素众多，且常带有随机性的系统。比如和我们生活密切相关的电力系统、城市交通网、数字通信网，以及柔性制造系统、生态系统、水源系统和社会经济系统等，都属于大系统。

5）智能控制理论：20 世纪 90 年代至今。

智能控制是在人工智能技术的基础上发展而来的。从 20 世纪 60 年代起，为了提高控制系统的自学习能力，控制界学者开始将人工智能技术应用于控制系统。智能控制是智能机器或者装备在无人干预的情况下，自主地实现控制目标的过程。智能控制是将人类具有的直觉推理和试凑法等智能加以形式化或机器模拟，并用于控制系统的分析与设计中，在一定程度上实现控制系统的智能化。

所谓的智能机器，是指在结构化或非结构化的、熟悉的或陌生的环境中，总能自主地或者在与人交互信息后，执行人类规定的任务的一种机器。

1965 年，美籍华裔科学家傅京孙教授首先把人工智能的启发式推理规则用于学习控制系统，1966 年，Mendel 进一步在空间飞行器的学习控制系统中应用了人工智能技术，并提出了“人工智能控制”的概念。1967 年，Leondes 和 Mendel 首先正式使用“智能控制”一词。20 世纪 70 年代初，傅京孙、Glofiso 和 Saridis 等学者从控制论角度总结了人工智能技术与自适应、自组织、自学习控制的关系，创立了人机交互式分级递阶智能控制的系统结构。

20 世纪 70 年代中期，以模糊集合论为基础，智能控制在规则控制研究上取得了重要进展。1974 年，Mamdani 提出了基于模糊语言描述控制规则的模糊控制器，并研制出自组织模糊控制器，使得模糊控制器的智能化水平有了较大提高。模糊控制的形成和发展，以及与人工智能的相互渗透，对智能控制理论的形成起了十分重要的推动作用。

20 世纪 80 年代，1986 年，K. J. Astrom 发表的著名论文《专家控制》中，将人工智能中的专家系统技术引入控制系统，组成了另一种类型的智能控制系统——专家控制。目前，专家控制方法已成功应用于工程、科学、医药、军事、商业等方面。

（4）伴生阶段：相辅相成的控制系统结构的发展

五十多年来，控制仪表和控制系统在经历了气动基地式仪表、电动（气动）单元组合仪表、智能数字调节器几代控制仪表的发展过程后，进入了集散控制系统（简称 DCS）、可编程控制器（简称 PLC）、现场总线控制系统（简称 FCS）、基于 PC 机的控制系统（简称 PCBCS）并存的时代。

1969 年问世的 PLC 和 1975 年问世的 DCS，可能是两类影响工业生产最为深远的计算机控制系统。PLC 的问世取代了继电器之类的器件，实现了开关量的连锁控制、程序控制；DCS 的问世取代了显示仪、调节器之类的仪表，实现了模拟量的指示、记录和 PID 回路调节等功能。

20 世纪 80 年代末期，随着计算机技术、通信技术、集成电路技术、智能传感器技术的发展而出现的 FCS，改变了原有控制系统的结构，使控制系统控制系统由封闭向开放走出了重要的一步。FCS 的结构如图 1－12 所示。

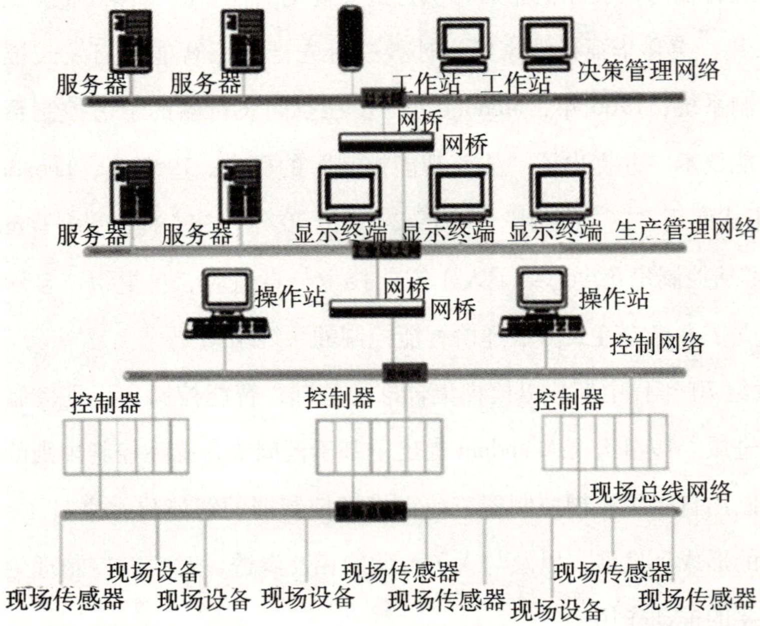

图 1－12　FCS 的结构

图 1－13　基于 PC 的机床

20 世纪 90 年代中期，PCBCS 开始出现，不少学者认为它将是工业自动化领域最具发展潜力的新技术，他们将 PCBCS 与 PLC、DCS（或者再加上 FCS）并称为工业生产过程三大（或四大）控制系统。图 1－13 是基于 PC 的机床示意。

1.3 自动化学科的分门别类与知识体系

随着自动化理论和自动化技术的发展及应用范围的扩大，自动化也逐渐成为一个独立的学科体系，用来指导人们更好地学习自动化理论，并应用自动化技术服务于人类的生产和生活。

在国外，自动化不是一个独立的学科门类，而是根据自动化所应用的领域交叉在相应的学科体系中。如与机械类交叉、与控制理论和机器人控制交叉、与过程控制和过程优化交叉，以及与航空航天器控制交叉。在中国，自动化是一个独立的学科——自动化学科，并且有相应的知识体系。

1.3.1 自动化学科的枝蔓

目前，自动化学科主要有三种分类，分别是：

（1）科学与技术完全分开的分类方法

国家标准：自动化科学——信息科学与系统科学

自动化技术——电子、通信与自动控制技术

（2）科学与技术一体化的分类方法

表 1－1 是国务院学位委员会对自动化部分的分类。

表 1－1 我国研究生学位培养“学科分类与代码”

学科代码	学科分类	学科名称
0811	一级学科	控制科学与工程
081101	二级学科	控制理论与控制工程
081102	二级学科	检测技术与自动装置
081103	二级学科	模式识别与智能系统
081104	二级学科	系统工程
081105	二级学科	导航、制导与控制

（3）混合式分类法

从基础科学与应用基础科学研究角度出发，国家自然科学基金委将自动化学科分为六个部分：控制理论、工程系统与控制、系统科学与系统工程、模式信息处理、智能系统与知识工程、机器人学与机器人技术。而国际自动控制联合会（IFAC）从科学研究、技术开发、工程应用及工程教育等方面，将自动化学科划分为9大领域、44个专题：

1）设计方法（5个专题）。

2）系统与信号（5个专题）。

3）系统工程与管理（6个专题）。

4）计算机控制（5个专题）。

5）制造与检测（5个专题）。

6）生命支持系统（4个专题）。

7）运输系统与运转工具（6个专题）。

8）工业应用（5个专题）。

9）自动化整体与教育效果（3个专题）。

1.3.2 自动化学科的主干结构

（1）自动化学科的知识体系

自动化学科知识体系中的核心知识结构如图1－14所示，这也是自动化学科与其他学科的最大区别。

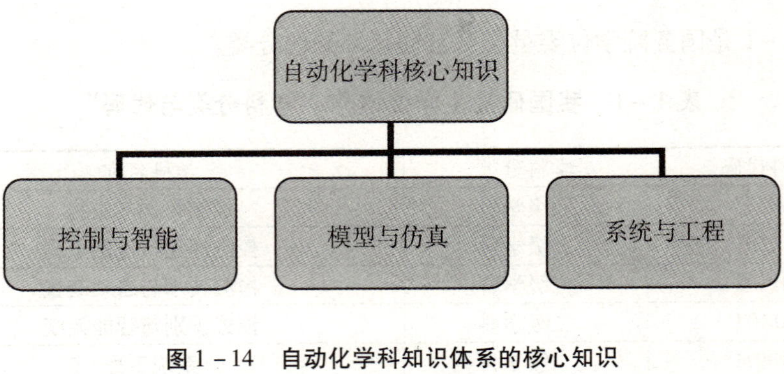

图1－14 自动化学科知识体系的核心知识

另外，反映自动化学科特点的5个知识领域，分别是控制与智能、传感与检测、执行与驱动、模型与仿真、系统与工程。

还可以根据被控对象不同的物理与数学形态，将自动化学科研究分为3个不同层次：

1）模型的控制，突出学科的数学特征。

2）信息的控制，突出学科的信息特征。

3）实体的控制，突出学科的工程特征。

这3个层次各自的特点是什么呢？

模型的控制描述子系统间的交互作用的方法不同，要求反映出系统的基本输入/输出特性以及噪声抑制能力和互联稳定性；在输入/输出特性的框架下，比较容易将一个高逼真度的复杂模型降阶成为低逼真度的简单模型，从而为复杂互联系统的控制设计打下基础。

信息的控制，或者叫作信息与控制。其控制的着眼点在于对信息进行控制。包括研究系统建模、信息获取、信息处理和控制的各种原理方法。大型复杂系统的设计、控制理论与技术的实现途径，以及自动化技术在各种应用中所带来的跨学科理论和方法问题等。

实体的控制是对工程中具体对象或者实际设备的控制。实体的控制最充分地体现了自动化科学技术的作用，就是如何有效地利用信息来促进能量与物质的转换。如能源、材料和环境资源、人力资源等的有效利用。

一般来说，三者之间的差异，就是：

模型的控制：无电——基础研究。

信息的控制：弱电——应用基础研究（信息学部）。

实体的控制：强电——应用基础研究（工程学部）。

（2）自动化科学与自动化技术研究内容

传统上，自动化科学研究的是系统的物理学特性，需要解决的基本问题是对给定值控制问题、跟踪问题和自主问题。而其他与之相关的问题还有建模问题、稳定性问题、动态特性问题、适应性（鲁棒性）问题和自主性问题等。而自动化技术是针对工程应用技术的研究，包括模型技术、检测技术、执行技术、控制（计算）技术。

自动化科学研究需要解决的基本问题或基本科学问题包括：复杂系统的建模问题、综合集成问题整体优化问题、失效容错问题、系统智能问题。自动化技术研究的焦点和难点有模型技术、仿真技术、集成技术、优化技术、可靠性技术、运行技术等。

1.4 自动化的发展趋势

自动化技术广泛用于工业、农业、军事、科学研究、交通运输、商业、医疗、服务和家庭等方面。采用自动化技术不仅可以把人从繁重的体力劳动、部分脑力劳动以及恶劣、危险的工作环境中解放出来，而且能扩展人的器官功能，极大地提高劳动生产率，增强人类认识世界和改造世界的能力。随着人类社会的发展，自动化技术对人们工作效率的提高和生产能力的提升起着重要的作用。现代生产和科学技术的发展，对自动化技术提出越来越高的要求，同时也为自动化技术的革新提供了必要条件。

目前，自动化技术正在向复杂的系统控制和高级的智能控制发展，并广泛地应用到国防、科学研究和经济等各个领域，实现更大规模的自动化，如大型企业的综合自动化系统、全国铁路自动调度系统、国家电力网自动调度系统、空中交通管制系统、城市交通控制系统、自动化指挥系统、国民经济管理系统等。自动化的应用正从工程领域向非工程领域扩展，如医疗自动化、人口控制、经济管理自动化等。

自动化将在更大程度上模仿人的智能，机器人已在工业生产、海洋开发和宇宙探测等领域得到应用，专家系统在医疗诊断、地质勘探等方面取得显著效果。工厂自动化、办公自动化、家庭自动化和农业自动化将成为新技术革命的重要内容，并将得到迅速发展。

通过对自动化技术在人们生产和生活中多种多样的应用进行分析，以及对自动化技术及其重要分支——自动控制理论和自动控制系统的产生及发展历程进行回顾，可以看出，自动化技术在推动社会进步和生活条件改善方面具有举足轻重的作用。自动化技术未来将会有更大的发展和更广的作用。

2 自动化的灵魂——自动控制系统

自动控制技术的应用，不仅使生产过程实现自动化，从而提高了劳动生产率和生产质量，降低了生产成本，提高了经济效益，改善了劳动条件，而且在人类征服大自然、探索新能源、发展空间技术和创造人类文明等方面都具有十分重要的意义。但是到底什么是自动化，学者们对它有没有一个具体的定义呢？是什么使一个没有生命的物体或者一个系统“自动”运行起来的呢？让我们一同走进自动化的灵魂——自动控制系统。

2.1 自动化与自动控制系统基础

2.1.1 权威词典中的自动化定义

（1）商务印书馆出版的《现代汉语词典》（第6版）给出的自动化定义是：在没有人直接参与的情况下，机器设备或生产管理过程通过自动检测、信息处理、分析判断等，自动地实现预期操作或完成某种过程。

（2）上海辞书出版社出版的《辞海》（第6版）给出自动化定义是：采用能自动启闭、调节、检查、加工和控制的机器、设备进行各种作业，以代替人工直接操作的措施。是机械化的更高阶段。

自动化可进一步细分为半自动化、单机自动化、综合自动化和全盘自动化。当部分采用自动装置、部分由人工操作的称“半自动化”。在一台独立设备上实现自动化的称“单机自动化”。整个生产过程中从进料、加工、传送、检查以至完成产品，能自动按人们预定的程序和要求进行，而启动、调整、停车以及排除故障等仍由人工操作的称“综合自动化”。如调整、停车与排除故障及其后的重新启动等操作也能自动实现的，则称“全盘自动化”。

（3）中国大百科全书出版社出版的《中国大百科全书》（第2版）的自动化定义是：机器或装置在无人干预的情况下按预定的程序或指令自动进行操作或控制的过程。它是工业、农业、国防和科学技术现代化的重要条件和显著标志。

（4）从上述三种权威词典给出的定义，我们可以将自动化的概念归纳为：

1）指设备、过程或系统的自动运行或自动控制。

2）用于实现自动运行或自动控制的技术或设备。

3）被自动控制或自动操作的状态。

实质上，自动化包含了两层基本含义：一是所谓“自动”，即没有人或很少有人直接参与；二是虽然没有人或不需要人，但肯定应按人的要求去做。所以，我们把自动化进一步概括为：设备、过程或系统在没有人或较少人的参与下，按照人的要求，通过自动运行或自动控制，完成其承担的任务。

自动化所涉及的产业领域非常广泛，包括第一产业农业自动化，第二产业工业自动化，第三产业服务自动化，以及国防军事自动化。

2.1.2 自动控制系统的含义

自动控制系统（Automatic control systems），简称自控系统，是指在无人直接参与下，可使生产过程或其他过程按期望规律或预定程序进行的控制系统。自动化的实现以及自动化技术的应用都是以自动控制系统作为主要手段的。自动控制系统由哪些部分组成呢？每一部分又起到什么作用呢？下面通过一个具体的控制实例来了解一下。

2.2 自动控制系统的组成

图2-1是一个保持水位一定的自动控制系统（比如说水塔），图中标出了它的主要组成部分。它的工作过程是怎样的呢？

首先我们来了解一下要控制的对象，也称为受控对象或被控对象——水位，它有一个人们期望的水位值（称为参考值）和一个由测量元件浮子测出的实际的

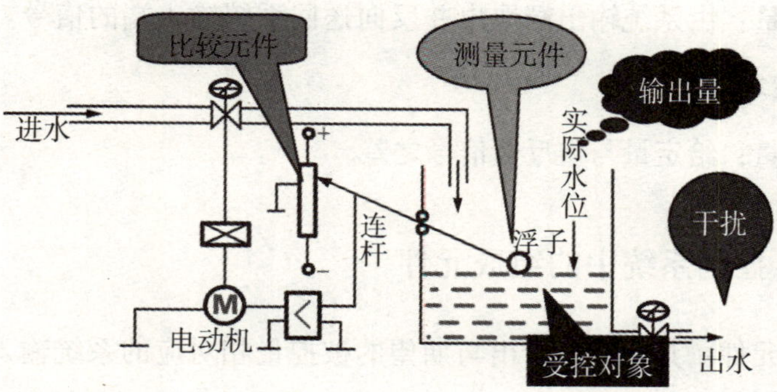

图 2－1 水位自动控制系统原理

水位值。当浮子测出当前水位值的大小时，通过由连杆和电位器组成的比较器进行比较。当浮子低时，电位器上得到正电压，经放大后使电动机向进水阀门开大的方向旋转；反之，当浮子高时，电位器上得到负电压，电动机向阀门关小的方向旋转；若水位正好，则电位器上电压为零，电动机不转，阀门不动。

由上述工作过程和原理图，可以画出图 2－2 所示的水位自动控制系统的结构方框图。

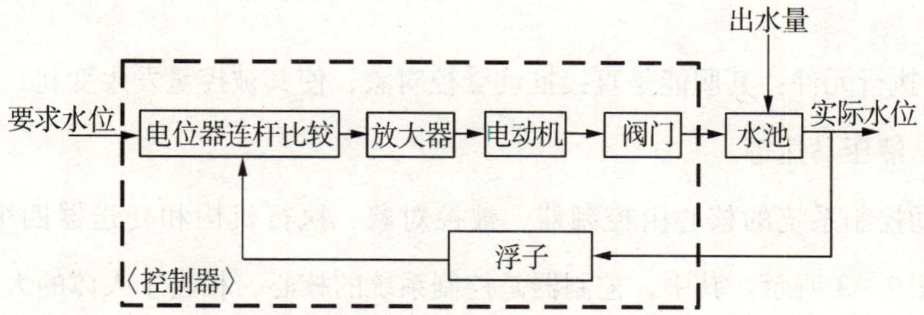

图 2－2 水位自动控制系统方框图

2.2.1 控制系统专有名词

1）控制装置：外加的设备或装置，亦叫控制器。

2）受控对象：被控制的机器或物体。

3）被控量：表征被控对象工作状态的物理参量，也叫输出量。

4）给定量：要求被控量所应保持的数值，也叫输入量或参考输入。

5）干扰量：系统不希望的外作用，也叫扰动输入。

6）反馈量：由系统输出端取出并反向送回系统输入端的信号。反馈有主反馈和局部反馈之分。

7）偏差量：给定量与主反馈信号之差。

2.2.2 控制系统中的组成元件

1）给定元件：其职能是给出与期望的被控量相对应的系统输入量。一般为电位器。

2）比较元件：其职能是把测量到的被控量实际值，与给定元件给出的输入量进行比较，求出它们之间的偏差。常用的有差动放大器、机械差动装置、电桥电路、计算机等。

3）测量元件：其职能是检测被控制量的物理量，如测速机、热电偶、自整角机、电位器、旋转变压器、浮子等。

4）放大元件：其职能是将比较元件给出的偏差信号进行放大，用来推动执行元件去控制受控对象，如晶体管、集成电路、晶闸管等组成的电压、功率放大器。

5）执行元件：其职能是直接推动受控对象，使其被控量发生变化，如阀门、电动机、液压马达等。

自动控制系统的核心由控制器、被控对象、执行机构和变送器四个环节组成，如图2－3所示。其中，控制器是控制系统的核心，相当于人体的大脑。

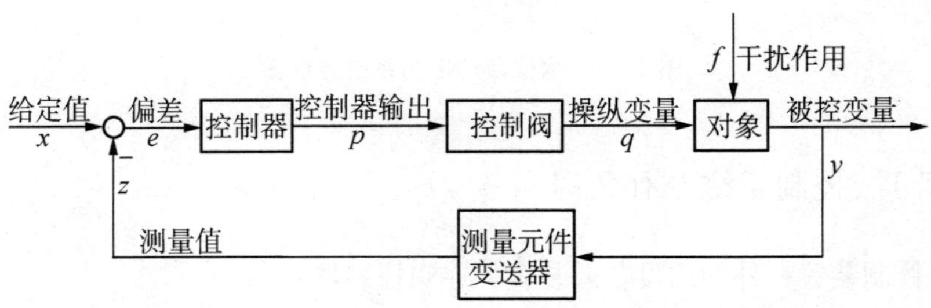

图2－3 自动控制系统方框图

2.3 多样的自动控制系统

人们常说“一千个人眼中有一千个哈姆雷特”，可见对待同一个事物，从不同的角度分析，会有不同的结论。同样对自动控制系统而言，根据划分标准的不同，可以被分为许多种类。

2.3.1 从信号传送的特点分类

（1）按控制原理不同分类

根据控制原理的不同，可将自动控制系统分为开环控制系统和闭环控制系统

所谓的开环控制系统，是指系统输出只受输入的控制，并不把输出结果反馈给输入。比如打篮球时投篮这个运动系统，投篮的力和方向是输入信号，篮球是被控对象，投中或者投不中是输出。输入信号只在球投出去那一瞬间起作用，之后球的运动就不再受控制了，是否能够投中对我们的输入没有影响。这种控制系统的控制精准度和抑制干扰的特性都比较差。

图 2-4　电焊机械手

在开环控制系统中，按时间顺序进行逻辑控制的称为顺序控制系统，比如机械、化工、物料装卸运输等过程的控制以及机械手控制和自动生产流水线，图 2-4、图 2-5 是开环控制系统的两个实例。

开环系统可以用图 2-6 所示的方框图来表示。

与开环相对应的闭环系统，是建立在反馈原理基础之上的。它是通过反馈环节将系统的输出信号传递回输入端，把输出量同参考输入量（期望值）相比较得到的误差信号，作为控制器的输入对系统进行控制，进而获得较好的控制性能。闭环控制系统又称为反馈控制系统。

图 2-1 所示的水位自动控制系统及温室温度自动调节系统等，都是闭环控

图 2－5　使用机械手加工机械零件的生产流水线

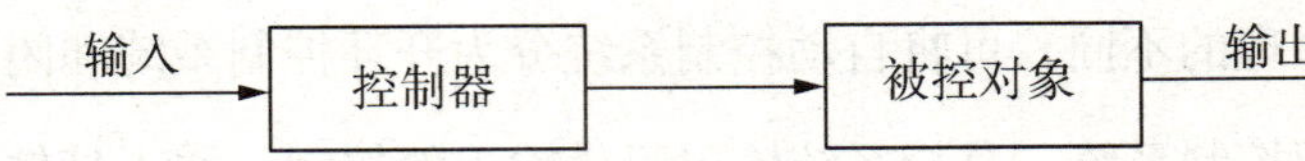

图 2－6　开环控制系统

制系统。又如我们在调节电视机声音的闭环控制系统中，有一个期望的声音大小，依个人感觉会不同。当我们打开电视的时候，电视有一定音量的声音传出，这个声音通过耳朵反馈给我们的大脑，通过和期望的声音大小比较，得出当前的声音是大还是小，或是刚刚好，然后利用遥控器执行调小或者调大声音的动作，直到调到我们希望的音量。

闭环系统的基本的结构可以用下面图 2－7 的方框图来简单表示出来。根据具体系统的特点，还可能在这个基本结构上，多一个或者多个其他的部分，比如考虑到外界环境对系统的影响，在图 2－1 中加上了干扰。

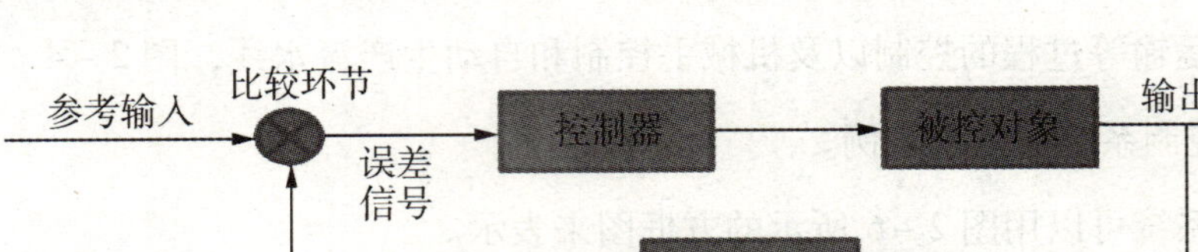

图 2－7　闭环控制系统

（2）按系统的结构形式分类

按系统的不同结构形式，可将自动控制系统分为简单控制系统和复杂控制系统。

简单控制系统是指组成元件较少，结构比较简单，而且输入量和输出量较少的系统；对应的复杂控制系统，顾名思义是指系统比较复杂，组成元件较多，结构复杂，系统的参数和变量比较多的系统，如经济系统、生物系统、航空航天系统等。

（3）按给定信号的特点分类

自动控制系统按给定信号的特点，可分为恒值控制系统、随动控制系统和程序控制系统。这种分类方法和上面两种分类方法相比更普遍。

1）恒值控制系统：在给定值不变，要求系统输出量以一定的精度接近给定希望值的系统，叫恒值控制系统。比如生产过程中的温度、压力、流量、液位高度、电动机转速等自动控制系统，均属于恒值系统。

这类系统的特点是：设定值是固定不变的。

作用：克服扰动的影响，使被控变量保持在工艺要求的数值上。

2）随动控制系统：给定值按未知时间函数变化，要求输出跟随给定值变化的系统，叫随动控制系统。例如跟随卫星的雷达天线系统（图 2－8），拦截导弹的防御系统等。

图 2－8　卫星雷达

这类系统的特点是：设定值为一个未知的变化量；这个设定值也就是前面所说的参考输入，只是这个输入是由所跟随的目标给出的。比如导弹要拦截目标的运动轨迹，它具有很大的随意性，随着时间是随机变化的，不是固定的曲线。

作用：以一定的精度跟随设定值的变化而变化。

3）程序控制系统（顺序控制系统）：给定值按一定时间函数变化的系统，叫程序控制系统，如程控机床（图2－9）。

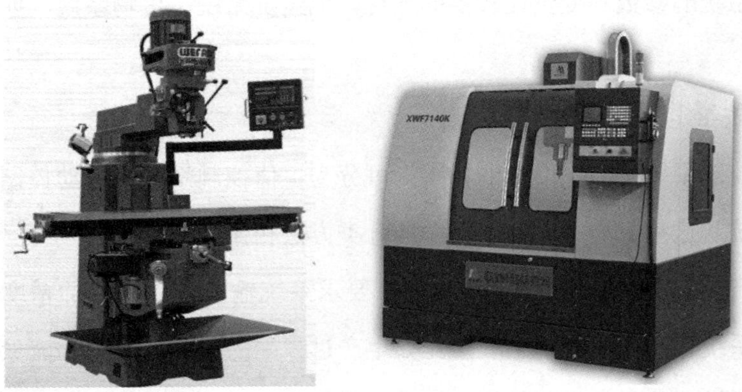

图2－9　程控机床

这类系统的特点是：设定值是变化的，且是按一定时间程序变化的时间函数。

作用：以一定的精度跟随设定值的变化而变化。

程序控制系统可以看成是随动控制系统的特殊情况，其分析研究方法与随动控制系统的相同。

2.3.2　按数学描述分类

按数学描述分类，控制系统可分为线性控制系统和非线性控制系统。线性系统的描述为线性函数，如线性微分方程、线性差分方程、线性代数方程。线性系统具有齐次性和叠加性，其优点是数学处理简便，理论体系完整。非线性控制系统是用非线性方程描述的系统，不满足叠加原理。

2.3.3　按时间信号的性质分类

按时间信号的性质分类，控制系统可分为连续时间控制系统和离散时间控制系统。连续时间控制系统中各变量均对时间连续。比如上面提到的导弹系统、水位自控系统、温度控制系统、电机转速控制系统等。离散时间控制系统中一处或几处的变量为离散信号，如计算机控制系统或采样控制系统。如我们生活中的电视信号传输系统、手机通信系统等，都是离散的控制系统。连续信号与离散信号的示意如图 2－10 所示。

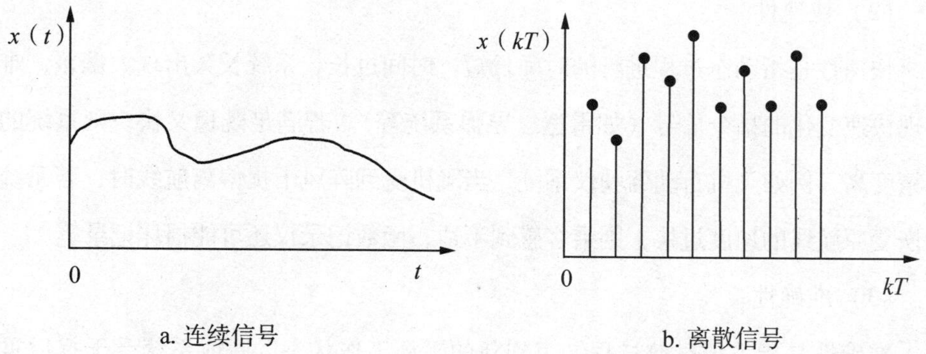

图 2－10　连续信号与离散信号

2.3.4　按系统参数是否随时间变化分类

按系统参数是否随时间变化分类，控制系统可分为定常系统与时变系统。定常系统的参数不随时间变化，描述其动态特性的微分方程或差分方程的系数为常数；时变系统的参数随时间而变化，描述其动态特性的微分方程或差分方程的系数不是常数。

2.4　自动控制系统的经典控制方法

2.4.1　自动控制系统的基本要求

系统各种各样，对每个系统也都有不同的特殊要求，但对于各类系统来说，在已知系统的结构和参数时，研究的和感兴趣的却是系统在某种典型输入信号下，其被控量变化的全过程。也就是说，研究的内容和方法都是相同或相似的。对大多数自动控制系统的基本要求都不外乎是稳定性、快速性以及准确性。

（1）稳定性

稳定性是指系统动态过程的振荡倾向和系统重新恢复平衡状态的能力。稳定性是保证控制系统正常工作的先决条件。对于一个稳定的系统，其实际值偏离期望值的初始偏差应随时间的延长逐渐减小或趋于零；对于一个不稳定的系统，其实际值偏离期望值的初始偏差将随着时间的增长而发散，无法实现预定的任务。

（2）快速性

快速性是指动态过程进行的时间长短。时间过长，系统长久出现大偏差，难以复现快速变化的指令信号（如雷达、导弹系统等）。若满足既稳又快，则系统的动态精度高。例如飞机自动驾驶仪系统，当飞机受到阵风干扰偏离航线时，若系统自动恢复原航线的速度过快，则乘客感到不适，函数记录仪还可能损坏记录笔。

（3）准确性

准确性是指系统过渡过程结束到新的平衡工作状态以后或系统受干扰后重新恢复平衡，最终保持的精度。它反映后期性能。

针对不同的受控对象，各种系统对这三个基本性能指标的要求有所侧重。例如，恒值系统对稳（平衡）要求严格，而随动系统则对快、准要求高。

同一个系统的稳、快、准是相互制约的，提高过渡过程的快速性，可能会引起振荡；改善了平稳性，过渡过程又很迟缓。

2.4.2 典型控制方法

自从自动控制理论提出以来，科学家和控制学科的学者们提出了许多种控制方法。下面我们来了解一下几种比较典型的控制方法。

（1）比例积分微分（PID）控制——简而优秀

这种控制方法是根据理论计算或者工程经验调整 P（比例控制）、I（积分控制）、D（微分控制）三个参数值的大小，以达到一定的控制效果。其控制原理如图 2－11 所示。根据这种方法设计的控制器结构简单、易于掌握，在工程实际中被广泛采用。

PID 控制的历史悠久，产生于 20 世纪初，先后有机械式、液动式、气动式、电子式等。PID 控制的适应面广，生命力强，至今仍为工程应用的主流（>80%）。

比例、积分、微分作用可根据需要进行不同组合，如 P 控制、PI 控制、PD

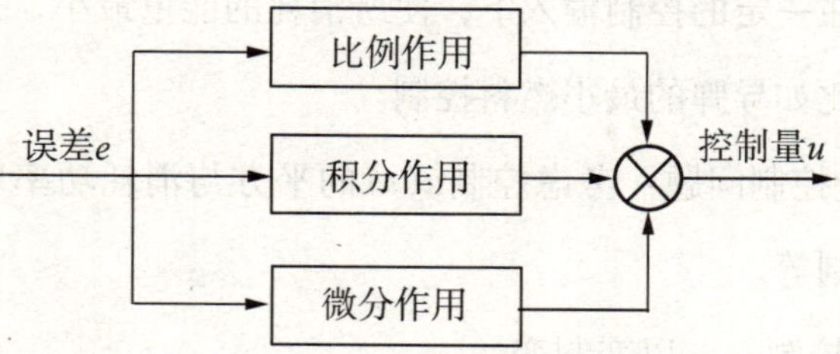

图2－11 PID控制原理示意

控制、PID控制。PID控制的特点如下。

1）PID控制简单实用，工作原理简单，物理意义清楚，一线的工程师很容易理解和接受。

2）PID控制的设计和调节参数少，且调整方法明确。

3）PID控制是一种通用控制方式，广泛应用于各种场合，且不断改进和完善，如偏差小到一定程度才投入积分作用的“积分分离”控制、能自动计算控制参数的参数自整定PID控制、能随时根据系统状态调整控制参数的自适应或智能型PID控制等。

比如温室温度控制系统，当由于开窗使温度降低或者由于外部光照使温度升高时，PID控制器可以通过自我调节参数值，使温室温度保持一定值。

4）PID控制是以简单的控制结构来获得相对满意的控制性能，控制效果有限，且对时变、大时滞、多变量系统等常常无能为力。

（2）最优控制——没有更好只有最好

最优控制是在一定的约束条件下，寻求最优的控制策略，使得要达到的性能指标获得极大值或者极小值。最优控制产生的原因：被控对象的性能指标多样化；某些被控量或系统的某个性能指标达到最佳值（如最短时间）或给定值（如速度为零）。

几种常见的最优控制问题有：

1）最短时间问题。比如拦截导弹系统，要求导弹在一定的控制输入下，在最短的时间内作用于目标，达到摧毁目标的目的。

2）最小燃料消耗问题。在一些实际控制系统中，系统中所携带的能量并不是无限多的，如航天器所携带的能量是有一定量的，而控制量 $u(t)$ 与燃料消耗量成正比。如何在一定的控制输入下，使所消耗的能量最小，是这类系统所要研究的关键问题，比如导弹的最小燃料控制。

3）最小能量控制问题：考虑控制$u(t)$的平方与消耗功率成正比，比如航天飞机最小能量控制等。

（3）自适应控制——以变制变

自适应控制是指在外界环境发生变化，或者系统本身的某些参数或结构发生变化的情况下，通过自行调整参数对系统产生一定的作用，从而使系统仍在某一性能指标下运行在最佳状态。如汽车的自适应导航系统、轮船的自适应定位系统等。

自适应控制出现在20世纪50年代，随着研究对象和问题的深入，已有的方法在解决一些问题的时候不太适用了。比如：①由于系统比较复杂，很难精确建立数学模型和分析（模型不确定性），如化工过程中的反应炉、换热器。②环境变化会引起被控对象的结构和参数发生变化（系统本身的不确定性），如人的血压控制。③环境变化对被控系统的干扰不可测量时（将直接导致被控量的不确定性变化），且不能通过前馈控制方式给予补偿。在这些情况下，常规控制就往往达不到预定的控制要求。

因此，自适应控制应运而生，同时也出现了很多研究改进问题的控制方法，如容错控制、鲁棒控制、自适应控制、智能控制。

1）自适应控制的基本思想。在系统运动过程中，控制系统不断地测量被控对象的状态，估计出对象的性能或参数，从而“认识”或“掌握”被控对象；然后，根据掌握的被控对象信息，与期望的性能相比较，进而做出决策，来改变控制器的结构、参数，并根据自适应规律来改变控制作用，以保证系统达到期望的或某种意义下最优或接近最优的性能。其中，估计（辨识）、比较（决策）、改变（修正）三方面的功能是自适应控制系统所必须具有的功能。

2）自适应控制的基本原理。其原理是：在自适应控制系统中，根据被控对象的输入、输出信号，对对象的参数或性能指标连续地或周期地进行在线辨识，然后根据所获得的信息并按照一定的评价系统优劣的性能准则，判断决定所需的控制器参数或所需的控制信号，最后通过修正装置实现这项控制决策，使系统趋向所期望的性能。自适应控制系统原理示意如图 2 - 12 所示。

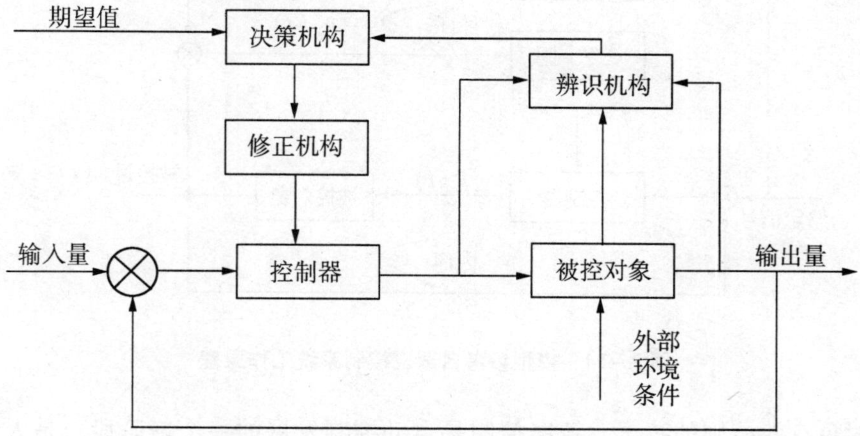

图 2 - 12　自适应控制系统原理示意

3）自适应控制的基本类型。自适应控制实质上是系统辨识与控制技术的结合，通常有自校正控制系统（图 2 - 13）、模型参考自适应控制系统（图 2 - 14）两种类型。模型参考自适应控制系统是目前的主要方法。

自适应控制已被成功地应用在了许多不同类型的实际系统中，如系统比较复杂、系统数学模型不易建立的航天飞机、大型船舶、卫星等运动控制系统。同时，在以各种反应器为非线性的过程控制系统，如化工生产系统、造纸系统、电加热炉等，也存在自适应控制的广泛应用。

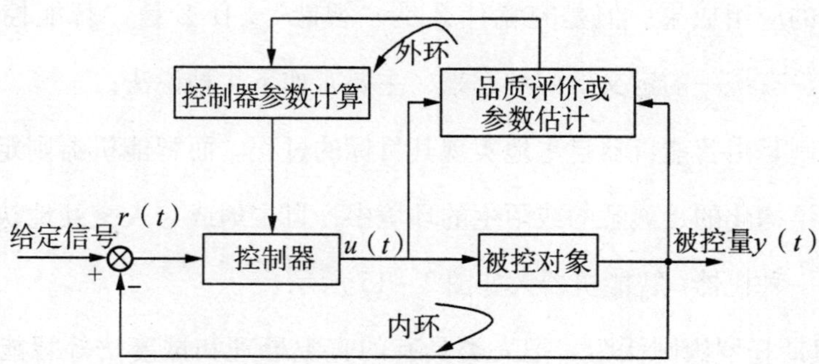

图 2 - 13　自校正控制系统工作原理

（4）智能控制——聪敏智慧

智能控制是一种应用拟人化的思维方式和决策方法产生控制规律，以实现对

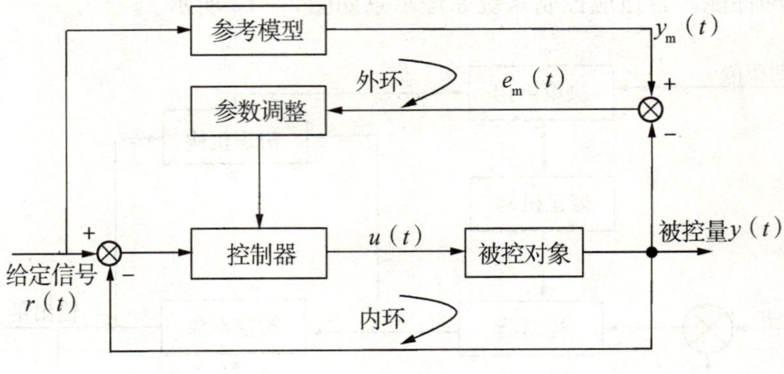

图 2－14　模型参考自适应控制系统工作原理

被控对象有效控制的技术。智能控制是自动控制发展的一个新阶段，是人工智能、控制论、系统论和信息论等多种学科的综合与集成，是当前的一个研究热点。

由于被控对象与其环境的复杂性及不确定性的存在，使基于数学模型的控制方法已无能为力，但熟练的操作工、技术人员或专家却能凭他们的经验施加控制，仍能获得满意的控制效果。人工智能（AI）的发展及其与自动控制的结合，使人的经验知识与思维方式参与系统的控制成为可能，在这些背景条件下，智能控制出现了。

1）智能控制的基本定义。智能控制已经出现了相当长的一段时间，并且已取得了初步的应用成果。但是究竟什么是“智能”，什么是“智能控制”等问题，至今仍没有统一的定义。归纳起来，主要有如下 4 种说法：

智能控制是由智能机器自主地实现其目标的过程。而智能机器则定义为：在结构化或非结构化的、熟悉的或陌生的环境中，自主地或与人交互地执行人类规定的任务的一种机器。智能机器人如图 2－15 所示。

K. J. 奥斯托罗姆则认为，把人类具有的直觉推理和试凑法等智能加以形式化或机器模拟，并用于控制系统的分析与设计中，以期在一定程度上实现控制系统的智能化，这就是智能控制。他还认为自调节控制、自适应控制就是智能控制的低级体现。

智能控制是一类无须人的干预就能够自主地驱动智能机器实现其目标的自动

图 2－15　智能机器人

控制，也是用计算机模拟人类智能的一个重要领域。

智能控制实际只是研究与模拟人类智能活动及其控制与信息传递过程的规律，研制具有仿人智能的工程控制与信息处理系统的一个新兴分支学科。

2）智能控制主要特点如下：

首先，它体现了人的控制策略和控制思想，拥有受控对象及环境的相关知识以及运用这些知识的能力，具有很强的自适应、自学习、自组织和自协调能力，能在复杂环境下进行综合分析、判断和决策，实现对复杂系统的控制。

其次，它属于典型的交叉学科，涉及人工智能、自动控制、运筹学、系统论、信息论等，在系统的实现上则必须依托计算机技术。

再次，它基本上属于“方法”范畴，理论分析困难，理论体系尚未建立。

智能控制的发展经过了萌芽期（20 世纪 60 年代）、形成期（20 世纪 70 年代）、发展期（20 世纪 80 年代）、高潮期（20 世纪 90 年代至今），已发展成为当前最热门的控制方法。

3）智能控制方法的主要类型。智能控制方法的主要类型有专家控制、模糊控制、人工神经网络控制。

第一，专家控制——身边的专家。专家控制是指根据某领域一个或多个专家所提供的知识和经验，对实际中遇到的问题进行推理和判断，模拟人类专家的决策过程，以便解决那些需要人类专家才能处理好的复杂问题。

“专家”是具有某一领域专门知识或丰富实践经验的人，而“专家系统”则是一个计算机系统，存储有某一领域专家的知识和经验，并用推理的方式针对具体问题模拟专家给出结论。“专家控制”是将专家或现场操作人员的知识和经验总结成知识库，形成很多条规则，并利用计算机、通过推理来实施控制。

专家系统是人工智能的重要内容，由美国斯坦福大学于 1965 年提出，最初用于化学质谱分析，后广泛应用于工业、农业、医疗、教育等领域。

瑞典的 Åström 于 1983 年首次将专家系统用于常规控制器参数的自动整定，并于 1984 年正式提出了专家控制的概念，目前已成功应用于机器人控制、飞机的操纵控制、故障诊断、各种工业过程控制等。

第二，模糊控制——其实很清楚。有些控制不需要精确的模型，控制器参数也非精确的数值，但在控制器作用下，所得的系统的控制结果和系统的性能指标却是可以确定的。

所谓模糊控制，就是在被控制对象的模糊模型的基础上，运用模糊控制器近似推理手段，实现系统控制的一种方法。模糊模型是用模糊语言和规则描述的一个系统的动态特性及性能指标。

“模糊量”是现实生活中人们最常用的对事物状态进行描述的“量”，如天气的冷热、人的胖瘦、个子的高矮、年龄的大小等，这些量都没有一个精确的数值，只有某一个大致的范围。比如天气的冷热，具体多少摄氏度是冷、多少摄氏度是热呢？可能 10 ℃左右人就感觉到冷了，－10 ℃以下时就会感觉很冷了；或者 30 ℃左右人就感觉热了，35 ℃以上就感觉很热了，所以没有一个精确的值能对应表示冷或者热。

模糊集合理论是在 1965 年由美国人 Zadeh 首次提出的，它是将模糊量用数学集合来表示。比如天气温度（用 t 表示）的高低值，可以用一个集合表示为 $\{0, 1, 5, 15, 20, 25, 26, 28, 30, 36\}$，定义“冷”的子集 $\{t<15\}$，“适度”的子集 $\{19<t<26\}$，“热”的子集 $\{t>27\}$，从而具体的温度可以由对应的属于三个子集的程度（隶属度）函数来描述。

模糊理论首次应用于控制，是 1974 年英国的 Mamdani 将其应用在蒸汽机控制中；而做成实际的控制器件则是在 1985 年，AT&T 贝尔实验室研制出第一个模糊逻辑芯片，从而给模糊控制应用于实际控制提供了硬件基础。

20 世纪 80 年代末，日本将模糊控制广泛应用于家用电器（洗衣机、空调、吸尘器、电冰箱、电饭煲、微波炉、照相机等），促进了模糊控制的推广和应用。

20 世纪 90 年代，模糊逻辑及其应用进入高潮，应用范围包括工业控制、地铁、电梯、交通、汽车、空间飞行器、机器人、核反应堆、图像识别、故障诊断、污水处理、数据压缩、移动通信、财政金融等。

模糊控制中常采用机器去模拟人类思维中的模糊量，如“高”“中”“低”等，对系统进行控制，并且控制量由模糊推理导出。它是运用模糊理论、模糊语言变量和模糊逻辑推理的知识，把这些模糊的语言上升为数值运算，从而能够利用计算机来完成对这些规则的具体实现，达到以机器代替人对某些对象进行自动控制的目的。其控制原理如图 2－16 所示。几种模糊控制应用的实例如图 2－17 所示。

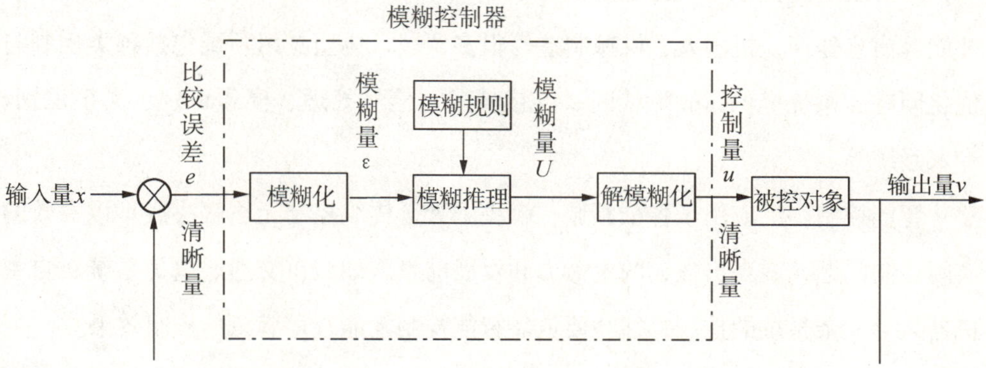

图 2－16　模糊控制原理方框图

a. 具有模糊逻辑的温度报警器　b. 具有模糊逻辑的电磁炉　c. 具有模糊逻辑的培养箱

图 2－17　模糊控制应用实例

第三，人工神经网络控制。神经元是以生物神经系统的神经细胞为基础的生物模型，人们在探讨人工智能的机制时，对生物神经系统进行研究，将神经元进行了数学化处理，建立了神经元数学模型。而以神经元为基础的神经网络，是由大量的神经元广泛地互相连接而形成的复杂网络系统，它反映了人脑功能的许多基本特征，是一个高度复杂的动力学习系统。

人工神经网络（Artificial neural network，ANN）是模拟大脑神经元之间的连接方式进行信息处理的数学模型，进而实现信息的处理、存储等功能。它具有自适应、自组织、自学习能力。神经网络不但能够处理各种变化的信息，而且在处理信息的同时，非线性动力系统本身也可以是不断变化的。

人工神经网络的模型现在有数十种之多，应用较多的典型神经网络模型包括 BP 网络、Hopfield 网络、ART 网络和 Kohonen 网络。

20 世纪 90 年代，神经网络的研究达到高潮，并成功应用于自动控制、人工智能、信息处理、机器人、机械制造等很多领域。典型应用领域包括各类控制与优化问题、系统辨识、故障诊断、容错技术、信号处理、模式识别、文字识别、专家系统等。

智能控制广泛应用于各个领域，解决了大量传统控制无法解决或难以奏效的实际控制问题，展现出强大的生命力和发展前景。如城市交通、电力系统、自主机器人等复杂系统的控制，往往要依靠智能控制才能获得满意的控制效果。

随着基础理论的不断创新，人工智能技术和计算机技术的迅猛发展，以及实际应用领域的不断扩大，智能控制必将迎来它新的发展高潮。

综上所述，PID 控制方法是一种经典的、在实际工业过程控制中最常用的方法，可通过对 P、I、D 的不同组合及其参数的选取获得较理想的控制效果；最优控制是在要求被控对象的性能指标多样化及某些被控量或系统的某个性能指标达到最佳值（如最短时间）或给定值（如速度为零）时产生的，具有强烈的工程背景和较丰富的理论成果；自适应控制实质上是系统辨识与控制技术的结合，可根据环境变化对被控对象（系统）的结构和参数的影响，自适应地调整控制器的参数，通常有自校正控制系统、模型参考自适应控制系统两种类型；智能控制是对传统控制理论的发展，是自动控制发展的一个新阶段，是人工智能、控制论、系统论和信息论等多种学科的综合与集成，是当前的一个研究热点。

伴随着科学技术的飞速发展，特别是计算机技术与通信技术的发展与应用，自动控制系统的功能越来越强大，应用范围越来越广。它将会给工业生产带来新模式，未来关键性行业将越来越多地依靠自动控制系统。它是现代工业的核心与灵魂。

3 自动化的骨架——工业自动化

现代工业具有技术复杂、规模大、高速、高效的特点，因此对工业自动化提出了越来越高的要求。随着时代的发展和社会的进步，尤其是随着计算机自动化技术、控制技术、网络技术和通信技术的迅猛发展，使得各种工业自动化手段的发展相互影响。当今世界先进工业国家正处于由“工业经济”模式向“信息经济”模式转变的时期，以高新技术为核心，以信息电子化为手段，提高工业产品的附加值，已经成为现代工业自动化的一个发展趋势。现有的工业自动化水平已无法满足现代化的工业智能控制的需求，这就要求我们对其进行一场技术变革，通过引入当前流行的“大数据存储”“数据挖掘”及“云计算”等先进的计算机技术和思想理念，使得工业自动化水平能取得跨越式的进步，以适应当今世界技术发展的趋势。

3.1 人们身边的工业自动化

提起工业自动化，相信大家都不会陌生。因为社会发展到今天，工业自动化应用技术范围极其广泛，同时我们也都享受着工业自动化给我们的生活带来的诸多便利。首先我们来看一下我们身边都有哪些工业自动化应用的例子。

对于我们每个人来说，每天都要接触到的事情就是穿衣吃饭，我们身上穿的衣服都是怎么来的呢？相信这个答案大家都是知道的。我们就来看一下纺织工业的历史发展。

早在原始社会时期，人们为了适应气候的变化，已懂得就地取材，利用自然资源作为纺织和印染的原料，并制造简单的纺织工具。中国机具纺织起源于五千年前新石器时期的纺轮和织机。西周时期具有传统性能的简单机械缫车、纺车、织机相继出现；汉代广泛使用提花机、斜织机；唐代以后中国纺织机械日趋完善，水力纺车、踏板织机的出现大大促进了纺织业的发展。图3－1、图3－2均为我国古代的纺织工具。

图3－1　马家窑文化时期的纺轮和纺轴

图3－2　奴隶社会时期的织机

西方工业革命之后，中国也渐渐开始近现代化的进程。大型纺织机器的使用，使得中国的纺织业发生了翻天覆地的变化，逐步形成了集体化大工厂的纺织工业。图3－3为工业革命时期的纺织机。

进入现代社会以来，纺织科技的进步更是日新月异，纺织工厂实现了自动化、智能化，在生产的过程中几乎不再需要人工参与。纺织效率不仅大大提高，

图 3－3　工业革命时期的纺织机

纺织的产品也是层出不穷，不再局限于棉、麻产品，新型的纺织产品不断涌现，比如莫代尔纤维、纳米纤维、活性炭纤维等，极大地满足了人们的日常需求。图 3－4 为现代化的纺织工厂的生产场景。

下面，我们再来看一看造纸工业的发展情况。纸是我们日常生活中最常用的物品，无论是读书、看报，还是写字、作画，都得和纸接触。

图 3.4　现代化的纺织工厂

在古代纸没有发明以前，人们记录事物多靠龟甲、兽骨、金石、竹简、木牍、缣帛之类的物品。但是甲骨不易多得，金石笨重，缣帛昂贵，简牍所占空间很大，都不便于使用。随着社会经济文化的发展，迫切需要寻找廉价易得的新型书写材料。经过长期探索和实践，人们终于发明了用麻绳头、破布、旧渔网等制成的植物纤维纸。

汉代劳动人民用简单平常的设备，从纺织废料中用化学和机械加工方法，使纤维原料更生，制成植物纤维纸，在化学史和工艺史上的确是一项伟大的成就。经过唐、宋、元、明、清千余年的岁月，到清代中期，我国手工造纸已相当发达，质量先进、品种繁多，成为中华民族数千年文化发展传播的物质条件。

19 世纪末，中国开始采用机器造纸，但后来一直发展缓慢，至 1949 年，全国只能生产二三十种普通文化、生活用纸，机制纸产量仅 10.8 万吨。

进入现代社会之后，各种造纸机械层出不穷，逐步取代了人工操作，形成了大规模的造纸工厂。现代制浆造纸系统是由化学、化工、林学、机械、企业管理、环境等十多个领域的技术组成的复杂系统，现代制浆造纸业已经成为高新技术武装的技术密集型产业。现代的造纸业大都采用最先进的工艺技术，包括环保装备，产品质量高、资源消耗低。现代自动化的造纸工业如图 3－5 所示。

图 3－5　现代自动化的造纸工业

除了上面所说的纺织业和造纸业已经实现了工业自动化之外，还有很多传统的工业也已实现了自动化，比如煤炭、钢铁、机械、化工等传统工业，已经逐步朝着自动化工业方向发展，并取得了巨大的成功。

从上面例子可以看出，工业自动化是在工业生产中，充分利用动物以外的能源和各种资讯，比如说各种机器设备、传感器、计算机以及网络资源，大大减少了人力操作。

工业自动化技术就是在生产过程不需要人工直接干预，就能按预期实现目标测量、操纵等信息处理的技术。自动化技术是探索和研究自动化过程的方法和技术，是涉及机械、微电子、计算机、机器视觉等技术领域的一门综合性技术。工业革命促进自动化技术的产生，并得到很好的发展；同时自动化技术也促进工业的进步。如今，自动化技术已广泛应用于机械制造、电力、建筑、交通运输、信息技术等领域，成为提高劳动生产率的主要手段之一，大大提高了生产过程的安全性、生产效率、产品质量；减少了生产过程的原材料、能源损耗。

据国际权威咨询机构统计，对自动化系统的投入和企业效益方面提升产出的比为1:4～1:6。特别在自动化系统占设备总投资10%以下的资金密集型企业中，自动化技术起到非常重要的作用。传统工业自动化系统就是机电一体化系统，该系统用于对生产过程进行控制，主要由机械本体、动力部分、测试传感部分、执行机构、驱动部分、控制及信号处理单元、接口电路等硬件元素组成。在软件程序和电子电路逻辑有目的的信息流引导下，自动化系统相互协调、有机融合、集成，形成物质和能量的有序规则运动，组成工业自动化系统或产品。

近年来，随着控制技术、计算机、通信、网络等技术的发展，信息交互沟通领域正迅速覆盖从工厂的现场设备层到控制、管理的各个层次。工业控制机系统是工业生产过程及其对机电设备、工艺装备进行测量和控制的自动化技术工具（包括自动测量仪表、控制装置）的总称。今天对自动化最简单的理解是：用广义的机器（包括计算机）来部分或完全代替甚至超越人的体力。图3－6为工业自动化现场示意。

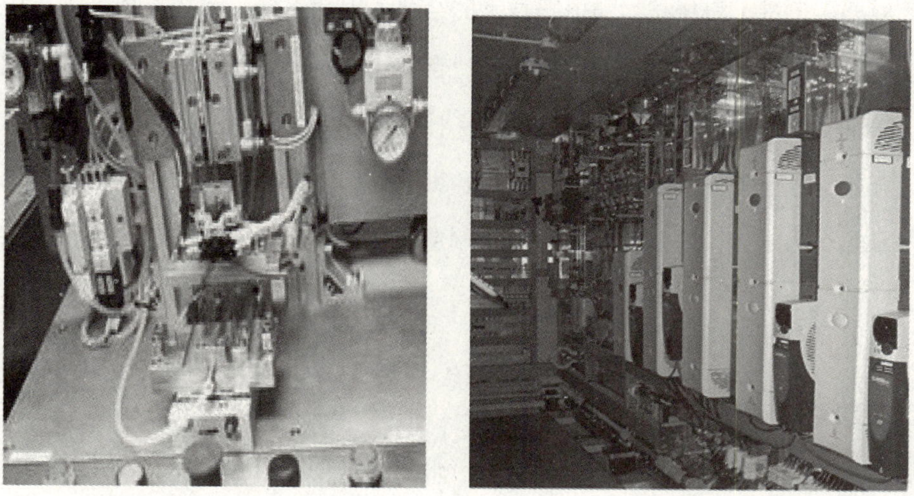

图 3－6　工业自动化现场

3.2　五花八门的工业自动化

3.2.1　机械制造自动化

机械制造是生产的工业部门，机械制造的产品包括各种动力机械、起重运输机械、农业机械、冶金矿山机械、化工机械、纺织机械、机床、工具、仪器、仪表及其他机械设备等。机械制造业为整个国民经济发展提供技术装备，其发展水平是国家工业化程度的主要标志之一。

机械制造及其自动化有很明确的目的，就是将机械设备与自动化技术通过计算机的方式结合起来。机械制造及其自动化形成了一系列先进的制造技术，包括计算机辅助设计（CAD）、计算机辅助制造（CAM）、柔性制造系统（FMC）等，最终形成大规模计算机集成制造系统（CIMS），使传统机械加工得到很好的发展。具体在工业中的应用包括数控机床、加工中心等。

机械制造自动化应用范围较广，包括产品设计自动化、加工过程自动化、物料存储和输送自动化、产品检验自动化、装配自动化以及生产管理自动化等。机械制造属于离散生产过程，与石油化工等连续生产过程相比，实现自动化的难度较大，因此进展较慢。20 世纪 60 年代以来，检测技术、电子技术尤其电子计算机的发展，促进了机械技术与电子技术的结合，因此出现了数控机床、加工中心和工业机器人等。这项新技术使机械制造自动化产生新的变革，并取得了迅速发展。20 世纪 70 年代出现了适应多品种中小批量生产的柔性制造系统，20 世纪 80 年代开始把各自独立发展起来的计算机辅助设计和制造、机器人、管理信息系统等技术综合为一体，研制出计算机集成制造系统。

3.2.2 自动生产线

20 世纪 20 年代以来，随着汽车、滚动轴承、小型电动机和缝纫机等工业的发展，机械制造中开始出现自动生产线。最早出现的是组合机床自动生产线。第二次世界大战后，在工业发达国家的机械制造业中，自动生产线数目急剧增加。

1943 年，美国福特汽车公司与克罗斯公司共同研制出一条自动生产线。生产线上的金属材料或半成品自动按顺序地移动，并连续不断地被加工。它可以节省劳动力，缩短生产周期，提高生产率，所以取得了迅速发展。20 世纪 50 年代中期，这种单一品种、大批量生产的自动生产线的发展达到高峰。20 世纪 70 年代以来，不仅用自动机床和组合机床构成自动生产线实现自动化，而且铸造、锻压、焊接、热处理、电镀、喷漆和装配等加工过程也开始实现自动化。图 3 – 7 为汽车工业自动化生产线示意。

图 3 – 7 汽车工业自动化生产线示意

采用自动线进行生产的产品应有足够大的产量；产品设计和工艺应先进、稳定、可靠，并在较长时间内保持基本不变。在大批、大量生产中采用自动线，能提高劳动生产率，保证生产的稳定性和提高产品质量，改善劳动条件，缩减生产占地面积，降低生产成本，缩短生产周期，保证生产均衡性，有显著的经济效益。自动生产线是在无人干预的情况下，按规定的程序自动进行操作或控制的过程。

自动化技术广泛应用于工业、农业、军事、科学研究、交通运输、商业、医疗、服务和家庭等。采用自动生产线不仅可以把人从繁重的体力劳动、部分脑力劳动以及恶劣、危险的工作环境中解放出来，而且能扩展人的器官功能，从而极大地提高劳动生产率，增强人类认识世界和改造世界的能力。

数字控制机床、工业机器人和电子计算机等技术的发展，以及成组技术的应用，将使自动线的灵活性更大，可实现多品种、中小批量生产的自动化。多品种可调自动线可降低自动线生产的经济批量，在机械制造业中的应用越来越广泛，并向更高度自动化的柔性制造系统发展。

3.2.3 数控机床和加工中心

数控机床是数字控制机床的简称，是装有程序控制系统的自动化机床。人们通过对程序的设计，可以控制机床的动作，按图纸要求的形状和尺寸，自动地将零件加工出来。图 3 – 8 为数控机床示意。

数控机床是美国发明家约翰·帕森斯在 20 世纪发明的。随着电子信息技术的发展，世界机床业进入以数字化制造技术为核心的机电一体化时代，其数控机床就是代表产品之一。数控机床是制造业的加工母机和国民经济的重要基础，为国民经济各个部门提供生产装备和技术手段，具有无限放大的经济与社会效应。欧、美、日等工业化国家已先后完成数控机床产业化进程，而中国从 20 世纪 80 年代开始起步，至今仍处于发展阶段。

第一台加工中心数控机床是 1958 年由美国卡尼 – 特雷克公司研制成功的，在数控卧式镗铣床的基础上增加了自动换刀装置，实现了工件一次装夹后即可进行铣削、钻削、镗削、铰削和攻丝等多种工序的集中加工。

加工中心数控机床的出现，不仅解决了采用常规方法难以解决的复杂零件加

图 3－8　数控机床示意

工问题，而且为单一品种中小批量生产加工的自动化开辟了新途径。加工中心是以计算机数控机床为基础，配以刀具库或多轴箱库构成的，它可根据加工程序自动更换刀具或多轴箱。工件在一次装夹之后，可以完成 4 个面甚至 5 个面以上的各种加工工序。加工中心的应用大大减少了设备台数和占地面积，减少了工件周转时间和装夹次数，有利于工艺管理，同时也可提高生产率和加工精度。图 3－9 为一加工中心数控机床。

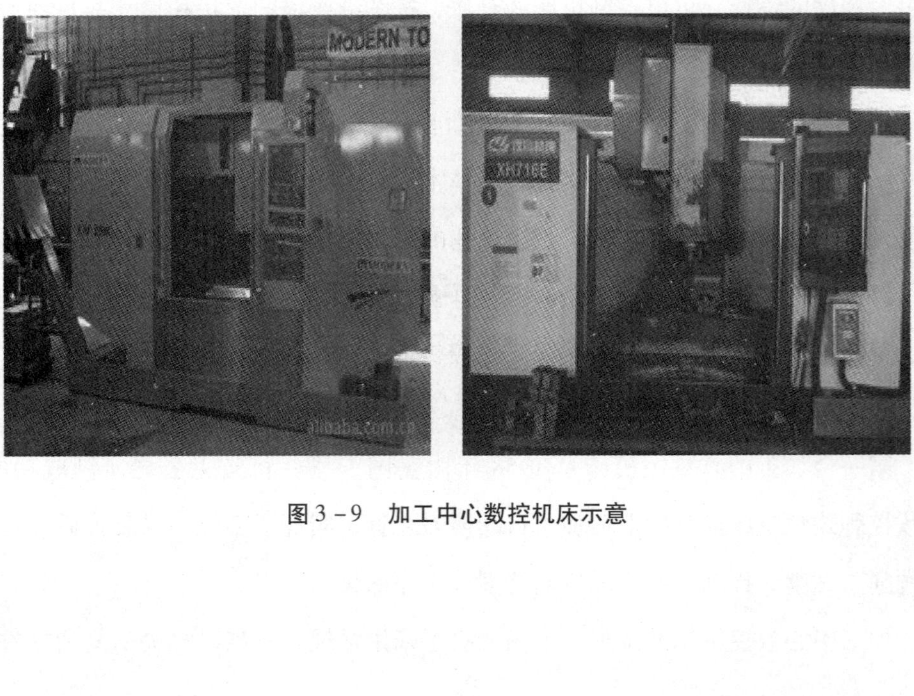

图 3－9　加工中心数控机床示意

3.2.4 柔性制造系统

柔性制造系统是由统一的信息控制系统、物料储运系统和一组数字控制加工设备共同组成，并且能适应加工对象变换的自动化机械制造系统（FMS）图3－10为意大利COMAU柔性制造系统。

图3－10 意大利COMAU柔性制造系统

1967年，英国莫林斯公司首次根据威廉森提出的柔性制造系统基本概念，研制了“系统24”。其主要设备是6台模块化结构的多工序数控机床。研制“系统24”的目的是在无人看管情况下，实现昼夜24小时连续加工，但最终由于经济和技术上的困难而未全部建成。

1967年，美国的怀特·森斯特兰公司建成Omniline Ⅰ系统，它由8台加工中心和2台多轴钻床组成，工件被装在托盘上的夹具中，按固定顺序以一定节拍在各机床间传送和加工。这种柔性自动化设备适用于少品种、大批量生产，在形式上与传统的自动化生产线相似，所以也叫柔性自动线。

1976年，日本发那科公司展出了由加工中心和工业机器人组成的柔性制造单元（FMC），为发展FMS提供了重要的设备形式。柔性制造单元一般由12台数控机床与物料传送装置组成，有独立的工件储存站和单元控制系统。它能在机床上自动装卸工件，甚至自动检测工件，另外还可实现有限工序的连续生产，适于多品种小批量生产应用。

随着科技的发展，FMS 在技术和数量上都有较大进步。应用上，以 3～5 台设备组成的 FMS 最多，但也有规模更庞大的系统投入使用。

1982 年，日本发那科公司建成自动化电机加工车间，由 60 个柔性制造单元（包括 50 个工业机器人）和一个立体仓库组成。另外有 2 台自动引导台车传送毛坯和工件，此外还有一个无人化电机装配车间，它们能连续 24 小时不间断地运转。

这种自动化和无人化车间，是向实现计算机集成的自动化工厂迈出的重要一步。与此同时，还出现很多仅具有 FMS 基本特征但自动化程度不很完善的经济型 FMS，这些都使 FMS 的设计思想和技术成就得到广泛应用。

柔性制造系统在数控机床、加工中心的基础上，配以柔性的工件自动装卸、自动传送和自动存取装置，利用计算机进行管理和监督，组成可自动连续加工多种零件的柔性制造系统。应用柔性制造系统可以减少制品的库存量和进一步提高设备利用率。

3.2.5 计算机集成制造系统

计算机集成制造系统（CIMS）是随着计算机辅助设计与制造的发展而产生的，是在信息技术、自动化技术与制造技术的基础上，通过计算机技术把分散在产品设计制造过程中孤立的自动化子系统有机地集成起来形成的。它适用于多品种、小批量生产，是实现了整体效益的集成化和智能化制造系统。图 3－11 为计算机集成制造系统示意。

20 世纪 50 年代以来，在生产的工艺准备与制造、经营管理、设计过程中各自独立发展起来的计算机应用技术，为形成计算机集成制造系统奠定了基础。20 世纪 70 年代后期，人们把成组技术、柔性制造系统、自动化仓库、计算机辅助设计与计算机辅助制造技术、工业机器人相结合，形成高度自动化的系统。高度自动化系统的作用有：提高生产率和产品质量，缩短新产品的研制周期，减少产

图 3－11 计算机集成制造系统

品的库存量。有人称采用此种系统的工厂为自动工厂。

当前，我国 CIMS 已经转变为“现代集成制造与现代集成制造系统”。它已在广度与深度上拓展了原 CIM/CIMS 的内涵。其中，“现代”的含义是计算机化、信息化、智能化。“集成”有更广泛的内容，它包括信息集成、过程集成及企业间集成等三个阶段的集成优化，企业活动中三要素及三流的集成优化，CIMS 有关技术的集成优化及各类人员的集成优化等。CIMS 不仅仅把技术系统和经营生产系统集成在一起，而且把人（人的思想、理念）及智能小型计算机集成制造系统集成在一起，使整个企业的工作流程、物流和信息流都相互保持通畅和有机联系。所以，CIMS 是人、经营和技术三者集成的产物。

3.2.6 过程工业自动化

过程工业是指石化、电力、冶金、造纸、医药、食品等工业。它们的特点是连续性。过程工业企业正在越来越多地应用新技术来解决生产实际问题，已有一批批比较成熟的优化软件和方法应用于企业，企业将日常管理、过程控制、生产运行、市场营销、过程设计和投资决策等企业运作的全过程综合集成起来，实现企业的快速发展。计算机在过程控制中的应用为控制工程的蓬勃发展奠定了物质基础，创造了应用条件。图3－12为过程工业自动厂房设备示意。

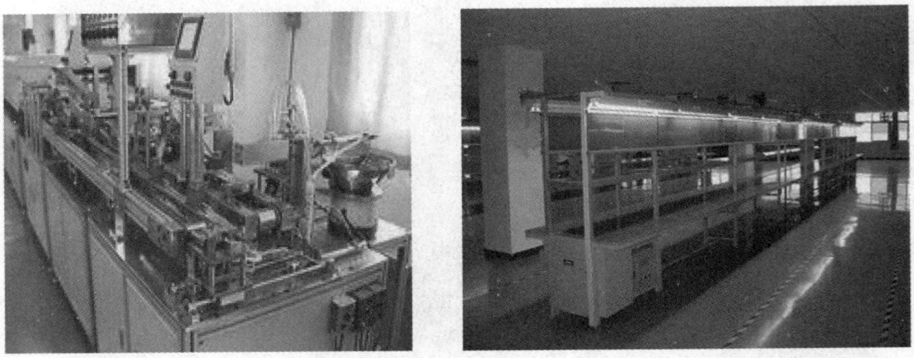

图3－12 过程工业自动厂房设备

自20世纪50年代计算机开始用于工业过程控制以来，过程工业自动化控制技术的发展经历了以下几个阶段。

（1）直接数字控制（DDC）

20世纪70年代以前，计算机在过程控制中应用的主要方式是实现集中控制，即直接数字控制（DDC）。控制算法以门口、串级、比值和前馈等为主，实现方式主要是用计算机代替常规调节仪表，但是当时的硬件可靠性低、成本比较高、应用不普及，仍处于试用阶段。

（2）分散集中控制（DCS）

20世纪70至80年代，随着计算机技术的迅猛发展，开始普遍采用DCS。其主要特点是在硬件上将控制回路分散化，而数据显示、实时监督等功能进行集中化。因此硬件的可靠性大大提高，被大型工业过程用户普遍采用，效果很好。但在控制算法上仍没有显著改进，工艺操作条件仍由人工给出。

（3）两级优化控制

20世纪80年代以后，开始在DCS的基础上，实现高级过程控制和优化控制。硬件上采用上位机和DCS或电动单元组合式仪表相结合，构成两级计算机优化控制系统。在算法上，将控制理论研究的新成果，如多变量解耦控制、多变量约束控制、各种预测控制、推断控制和估计、人工神经元网络控制和估计，以及各种基于模型控制等高级过程的控制算法，应用于工业生产过程并取得成功。装置优化也开始实现，从而使计算机在工业过程控制中的应用更上一层楼，取得显著的经济效益。越来越多的用户开始理解和接受高级控制和优化成果。国外，特别是在美国出现了如 SetPoint、DMC 等专门从事过程控制与优化的软件公司。它们把这些软件大量推向市场，在几百家大型石化、炼油和钢铁等工厂得到成功应用，取得巨额利润。目前，两级优化控制仍在互相竞争、发展之中。多变量约束控制等高级控制的成功应用，将有可能改变当前过程控制的实质，即用多变量与优化取代当前的单变量设计的思想和原则。这一想法将会使过程控制实现大的突破，展现出新的面貌。

（4）工业过程计算机集成控制（CIPS）

从20世纪90年代开始，计划优化、生产调度、经营管理决策，开始进入计算机控制系统。这使市场意识与优化控制相结合，管理与控制相结合，促使计算机控制系统更加完善，产生更大的经济效益和技术进步，迎接全社会信息时代的到来。

当代世界市场的激烈竞争和社会对资源、环境的要求，正推动世界过程工业追求先进的控制，充分利用信息和计算机技术，使企业不断增强对市场的应变能力，根据市场需要及时组织和调整生产，充分挖掘生产潜力，提高效率，降低能耗，保证质量，控制“三废”，确保安全，压缩库存，加速资金周转，实现生产过程和经营管理过程的整体优化。近年来，采用高可靠、智能化仪表和DCS，开发高级控制策略，在各层次上实现优化，推行管理信息系统（MIS）并进行辅助管理和决策，组织计算机集成的管理与控制一体化系统 CIPS，已成为发达国家过程工业自动化和计算机应用的标准发展模式。

3.2.7 电力系统自动化

电力系统自动化是电力系统未来的发展方向，电力系统自动化是指在电能的生产、传输和管理过程中，实现自动控制、自动调度和自动化管理。电力系统地域分布辽阔，是由发电厂、变电站、输配电网络和用户组成的复杂系统，并统一调度和运行。

20世纪50年代之前，电力系统的容量为几百万千瓦，单机容量不超过10万千瓦，电力系统自动化多用于单项自动装置，且以安全保护和过程自动调节为主，如电网和发电机的各种继电保护、汽轮机的危急保安器、锅炉的安全阀、汽轮机转速和发电机电压的自动调节、并网的自动同期装置等。

20世纪50~60年代，电力系统规模达到千万千瓦，单机容量超过20万千瓦，实现了区域联网，在系统稳定、经济调度和综合自动化方面提出了新的要求。厂内自动化开始采用机、炉、电单元式集中控制。系统开始装设模拟式调频及以离线计算为基础的经济功率分配装置，并广泛采用远动通信技术。各种新型自动装置开始普及使用，如晶体管保护装置、可控硅励磁调节器、电气液压式调速器。

20世纪70~80年代，出现了以计算机为主体，配备整套软硬件的电网实时监控系统（SCADA）。20万千瓦以上的火力发电机组，开始采用安全监控和闭环自动启停全过程控制。水力发电站开始采用计算机监控，用于水库调度、大坝监测和电厂综合自动化。各种自动调节装置和继电保护装置广泛采用微型计算机。

按照电能生产和分配的过程，电力系统自动化包括电网调度自动化、火力发电厂自动化、水力发电站综合自动化、电力系统信息自动传输系统、电力系统反事故自动装置、供电系统自动化、电力工业管理系统的自动化等7个方面，形成了分层分级的自动化系统。最低层次由区域调度中心、区域变电站和区域性电厂组成，中间层次由省（市）调度中心、枢纽变电站和直属电厂组成，最高层次为总调度中心。在各层次中，电厂、变电站、配电网络构成了多级控制。图3－13为电子系统电网调度自动化设备示意。

3.2.8 工厂自动化——智能工厂

20世纪40年代开始，人们开始使用分散式测量仪表和控制装置进行单参数自动调节，取代了传统的手工操作。

20世纪50年代，人们开始把检测与控制仪表集中在中央控制室，实行车间集中控制，一些工厂企业初步实现了检测仪表化和局部自动化。这一阶段，过程控制系统结构绝大多数还是单输入单输出系统，受控变量主要是温度、压力、流量和液位，控制的目的是保持这些参数的稳定，消除或减少对生产过程的干扰影响。过程控制系统采用的方法是经典控制理论中的频率法和轨迹法，主要解决了

图 3－13　电力系统电网调度自动化设备

单输入单输出系统的常值控制和系统综合控制问题。

20 世纪 60 年代，随着工业生产的不断发展，工厂自动化程度大大提高。在自动化仪表方面，开始大量采用单元组合仪表。为了满足定型、灵活、多功能等要求，还出现了组装仪表，以适应比较复杂的模拟和逻辑规律相结合的控制系统的需要。与此同时，开始采用电子计算机对大型设备，如大型蒸馏塔、大型轧钢机等，进行最优控制，实现了直接数字控制（DDC）及设定值控制（SPC）。在系统方面，出现了包括反馈和前馈的复合控制系统。在过程控制理论方面，除了仍采用经典控制理论解决实际生产过程中的问题外，现代控制理论也开始得到应用，控制系统由单变量系统转向复杂的多变量系统。在此期间，工厂企业实现了车间或大型装置的集中控制。

20 世纪 70 ~ 90 年代，随着现代工业的迅猛发展、自动化仪表与硬件的开发、微计算机的问世，生产过程自动化进入新的高水平阶段。对整个工厂或整个工艺流程进行集中控制，应用计算机系统进行多参数综合控制，用多台计算机对生产过程进行分级综合控制和参与经营管理，是这一阶段的主要特征。在新型自动化技术工具方面，开始采用微机控制的智能单元组合仪表、显示和调节仪表，以适应各种复杂控制系统的需要。现代控制理论中的状态反馈、最优控制和自适应控制等设计方法和特殊控制规律，在过程控制中得到广泛应用，自动化技术呈现出一派欣欣向荣的新景象。

进入21世纪以来，“以人为本”“节能环保”的观念深入人心，从而对工厂自动化提出新的要求。随着计算机技术、无线技术、现场总线技术、工业以太网技术、IT技术、机器人技术、传感器技术以及安全技术等科学技术的不断发展与创新，工厂自动化正向工厂综合自动化发展，即把过程控制、监督控制、产品设计、质量监测、工厂管理等方面融为一体，运用现代控制理论、大系统理论、人工智能、4C技术，实现优化制、分级控制、分散控制、测试自动化、建筑物自动化、信息处理与经营、决策自动化，以便进一步提高工作效率，保证质量与安全，节约能源和原材料。

未来，从自动化到智能化，工业生产线的终极目标就是要能打造出真正无人的作业环境，全自动化的无人工厂。这已经并非是遥不可及的梦想。其实目前许多工厂都已陆续在部分区域采用无人化的全机器运作。这显然已经是无人工厂目标的初步实现，未来厂房无人化的区域势必将不断增加，更多任务或工作都可以交由机器来完成。工厂自动化将朝着“智能工厂”的方向发展，让我们共同迎接新的工业时代吧！

3.3　未来发展趋势

目前，有媒体称工业自动化技术正在向智能化、网络化和集成化方向发展——新的工业4.0时代已然到来！

半导体科技将自动化与智能化带入了工业生产线，让工业生产的速度与效率大幅提升。尽管因此抢走不少工人的饭碗令人诟病，然而更先进的自动化产线，甚至是更高一层的无人工厂的愿景，却依然是所有工厂企业主追求的目标。

美国国家仪器有限公司（NI）嵌入式系统项目经理Vineet Aggarwal指出，机器与人不同，想要让机器顺利运作就必须给予一堆指令。自动化的意义，也就是让机器能够知道在什么地方该进行怎样的动作而不出错。加入更多的指令之后，能处理的事情就更多，且能更早预计会发生的事。

从自动化到智能化，其实就是不断给予更多的指令，让机器能更有效率地做出更正确的前期判断，使其提高生产效能、加快测试速度，或者提高机器寿命并减低人员的伤亡。不同指令给予机器不同程度的进化，然而最终目的都是希望让机器的行为更接近人类。

当然，要让机器高度自动化，甚至智能化，所需要的指令将会非常庞大。倘若数据量多、信息处理又分属于不同的平台，不仅对于整体一致性将产生很大问题，甚至可能会超过核心平台本身的负荷量。

随着工业自动化的应用日益广泛，工业网络的覆盖范围也随之扩大。

目前，在网络技术应用方面，物联网的兴起或许为工业自动化的发展提供更上一层楼的契机（图 3 – 14）。物联网技术的本质是物与物相连，进而形成一个有机网络。它的本质还是一种网络，但为机器与机器之间的互动提供更好的基础。

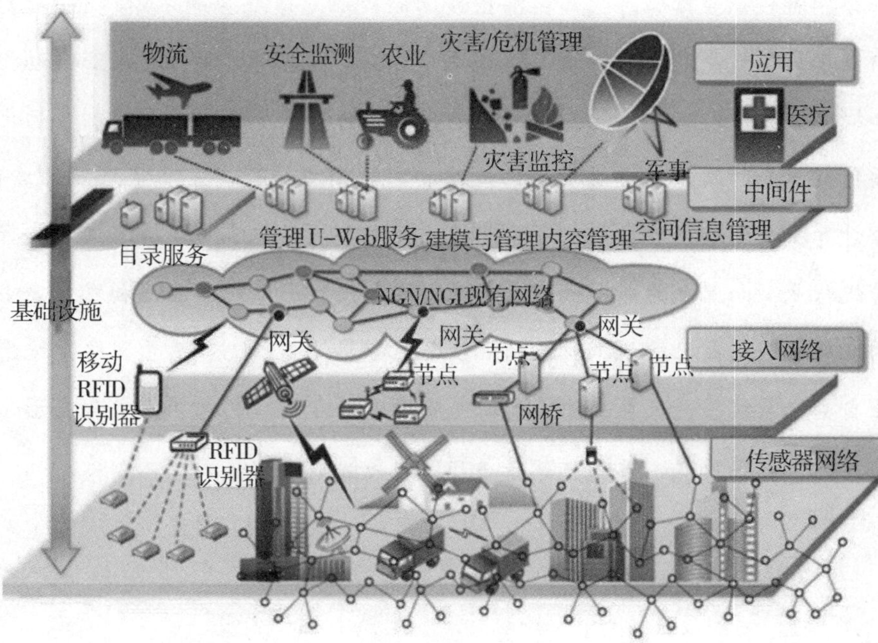

图 3 – 14　物联网将引领新的工业革命

工业自动化在本源上也与物联网有些类似，都是把生产设备通过网络进行连接。只是物联网在技术上比传统的网络更进一步。同时，物联网技术也是多领域智能化的助力之一，如智慧农业、智能交通、智能城市等。明显可以看出，物联网技术在加速领域智能化方面有重要的促进作用。工业生产虽然目前正在向自动化不断推进，但已有业内学者提出了智慧工厂概念。

目前自动化生产是工业制造领域发展的重要方向之一。自动化的快速转型与发展，带来了诸多优势。不过随着物联网技术应用范围的逐步扩大，工业制造也开始引入这一技术，传统的自动化技术也将和物联网互相融合。

2013 年，赫尔墨斯奖的提名和评选充分反映了这一技术趋势：物联网正被引入到工厂世界中。5 个最佳提名中的 3 个与工业互联有关，其中两个产品革新了机器之间的无线通信，还有一个则是今天的工厂世界通向物联网的软件过渡。工厂所有部件之间的无线通信将导致一个分布式的工厂控制，通过数字化产品的记忆，中间产品将可以控制、检测和记录自己的生产。

如今的时代是变革的时代和推陈出新的时代。随着社会的不断进步和发展，工业自动化是现代先进工业科学的核心技术，不断地去研究和探讨工业自动化的发展和战略方向，对工业化的发展有着极其深远的影响。现代工业控制自动化技术对于传统产业的改造、企业素质的提高和国家国力的提高是非常有效的途径。从当今计算机技术和自动控制技术发展的状况来看，新技术的发展不仅加速升级改造传统行业，而且也为新一代工业自动化计算机应用产业的应用和发展提供了良好的发展机遇。高性能的工业控制机系统、智能控制系统和基于网络系统的虚拟企业自动化系统将是未来工业自动化发展的重要方向，也意味着工业自动化将呈现出开放性、集散性、智能性和信息电子化与网络化的特点。

4　人类的好助手——机器人

机器人作为20世纪人类最伟大的发明之一，自问世以来，就一直备受瞩目。40余年来，有关它的研究取得了长足的进展。各种形态、功能的机器人相继面世，而未来的机器人将是一种能够代替人类在非结构化环境下从事危险、复杂劳动的自动化机器，是集机械学、力学、电子学、生物学、控制论、计算机、人工智能和系统工程等多学科知识于一身的高新技术综合体。你印象中的机器人是什么样子的呢？说起机器人，我们头脑里马上会联想到那些会唱歌、跳舞、干工作而且有头有手的小东西。其实那只是对机器人的狭义理解。随着社会的进步和科学技术的发展，机器人的应用越来越广泛。它不仅应用于工业生产制造部门，甚至在航空航天、深海探测及一些极端特殊的环境也有着极大的作用。近些年来，它还逐渐渗透到日常生活及娱乐教育等各个领域中。

4.1　认识机器人

机器人的英文名词是"Robot"。"Robot"一词最早出现在1920年捷克作家卡雷尔·卡佩克所写的一个剧本中，这个剧本的名字为"Rossum's Universal Robots"，中文意思是"罗萨姆的万能机器人"。剧中的人造劳动者取名为Robota，捷克语的意思是"苦力""奴隶"。英语的"Robot"一词就是由此而来的，以后世界各国都用"Robot"作为机器人的代名词。

机器人问世已有几十年，关于什么是机器人，仍然仁者见仁、智者见智，没有一个统一的意见。原因之一是机器人还在发展，新的机型、新的功能不断涌现。同时，由于机器人涉及人的概念，成为一个难以回答的哲学问题。就像机器人一词最早诞生于科幻小说之中一样，人们对机器人充满了幻想。也许正是由于机器人定义的模糊性，才给了人们充分的想象和创造空间。

目前，对机器人的具体定义有很多种，但它们的共同之处在于：

一是机器人的动作机构具有类似与人或其他生物的某些器官的功能。

二是机器人是一种自动机械装置，可以在无人参与下（有独立性），自动完成多种操作或动作功能，即具有通用性。可以再编程，程序流程可变，即具有柔性（适应性）。

三是机器人具有不同程度的智能性，如记忆、感知、推理、决策、学习等。

随着机器人技术的飞速发展和信息时代的到来，机器人所涵盖的内容越来越丰富，对于机器人的定义也将会不断充实和创新。

4.2　机器人的发展历史

其实早在机器人这个叫法被提出之前，在世界古代史上已经出现过很多著名的自动机械装置。

在中国古代的西周时期，能工巧匠偃师就研制出了能歌善舞的伶人，这是我国最早记载的机器人。春秋后期我国著名的工匠鲁班也是一位制造大师，据《墨经》记载，他曾制造过一只木鸟，能在空中飞行“三日不下”。1 800 年前汉代的张衡，不仅发明了举世闻名的地动仪，而且发明了计量距离的计里鼓车。计里鼓车每行一里，车上木人击鼓一下，每行十里击钟一下；还有三国时期的诸葛亮创造的“木牛流马”，它可用来运送军粮，支援前方战斗。

无独有偶，在世界的其他地方，在古代也出现过许多自动装置。如在公元前2 世纪，古希腊人发明了以水、空气和蒸汽压力为动力的会动的雕像，它可以自己开门，还可以借助蒸汽唱歌；1662 年，日本的竹田近江发明了自动机器玩偶；1738 年，法国杰克·戴·瓦克逊为了进行医学分析，发明了机器鸭，它会叫，还会游泳、喝水、进食和排泄；1773 年，瑞士的钟表匠杰克·道罗斯父子推出了利用齿轮和发条制成的自动书写玩偶、自动演奏玩偶等，结构巧妙，在欧洲风靡一时。

在近现代史上，自从机器人在1920年被提出之后，1950年，美国作家埃萨克·阿西莫夫在他的科幻小说“I, Robot”中首次使用了“Robotics”，即“机器人学”。阿西莫夫提出了机器人三原则：

一是机器人不应伤害人类，且在人类受到伤害时不可袖手旁观。

二是机器人应遵守人类的命令，与第一条违背的命令除外。

三是机器人应能保护自己，与第一条相抵触者除外。

机器人学术界一直将这三原则作为机器人开发的准则，阿西莫夫因此被称为“机器人学之父”。

世界上第一台可编程的机器人（图4－1）是在1954年，由美国电子学家George C. Devol（图4－2）制造的，并在1956年获得美国专利。这台机器人只是一台实验装置，通过人手对机器人进行动作示教，机器人能实现动作的记录和再现，这种机器人也被称为示教机器人。而世界上第一台真正实用的工业机器人，是在1959年诞生的“UNIMATE”。1961年，Joseph F. Engelberger（图4－3）和Devol筹办了世界上第一家专门生产机器人的工厂——UNIMATION公司，同时

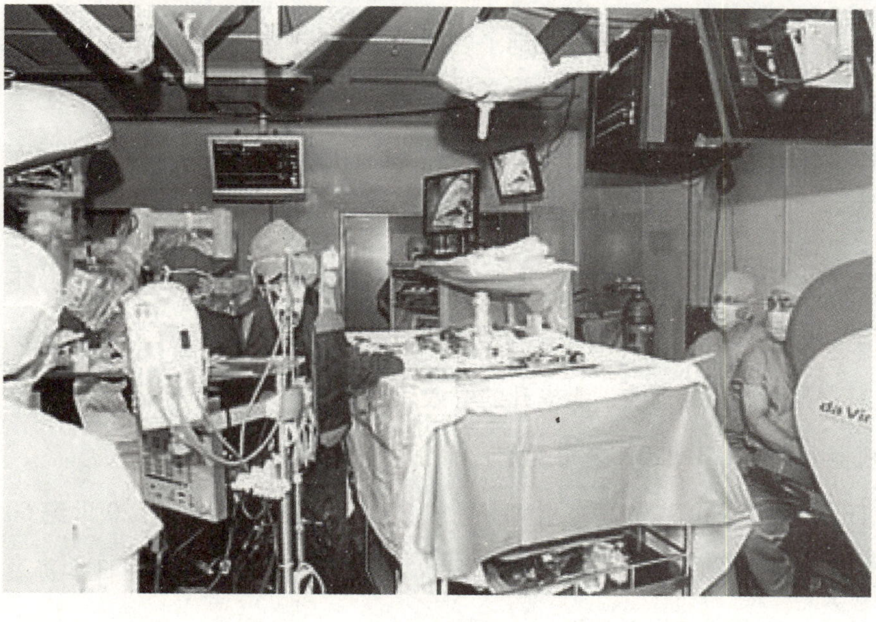

图4－1　世界上第一台可编程机器人

Engelberger 也在同一年获得了“工业机器人之父”的美誉。而后在 1962 年，由美国的 A. M. F.（机械与铸造）公司推出的“VERSATRAN”和 UNIMATION 公司推出的“UNIMATE”两款机器人，推广到了市场，这两种机器人是世界上最早、最有名的机器人。至今，它们仍在被使用。

图 4－2 机械手臂发明人
George C. Devol（1912—2011）

图 4－3 工业机器人之父
Joseph F. Engelberger（1925—）

从此，机器人的相关研究受到了各国学者们的广泛关注。1965 年 MIT 演示了具有视觉的、能识别与定位积木的机器人。1967 年，日本成立了人工手研究会（现改名为仿生机构研究会），同年召开首届机器人学术会。1970 年，在美国召开了第一届国际工业机器人学术会议。

随着电子技术以及计算机技术的发展，使用计算机来控制机器人的技术也应运而生。1973 年，辛辛那提·米拉克隆公司制造了由小型计算机控制的工业机器人，它是由液压驱动的，能提升的有效负载达 45 千克。1978 年，第一台 PUMA 机器人在 UNIMATION 公司诞生。

日本、西欧各国、苏联也相继引进或自行研制工业机器人。20 世纪 60～70 年代是机器人技术获得巨大发展的阶段。1980 年，工业机器人在日本普及，故该年被称为日本“机器人元年”。

20 世纪 80 年代，机器人在发达国家的工业生产如焊接、喷漆、搬运、装配等工作中得以大量普及应用，并向各个领域如航天、水下、排险、核工业等拓展。机器人的感知技术得到相应的发展，从而产生了第二代机器人。

20 世纪 90 年代，机器人技术在发达国家应用更为广泛，如军用、医疗、服务、娱乐等领域，并开始向智能型（第三代）机器人发展。

我国机器人研究始于 20 世纪 70 年代，并被列入“七五”期间实施的国家“863”高科技发展计划（512 主题）。“863”计划的实施大大推动了我国机器人技术的发展，在短短 40 多年里，中国的机器人技术在世界上已占有一席之地，在制造业中陆续出现一些喷涂、焊接、搬运、装配机器人。目前我国机器人的发展正朝着实用化、智能化和特种机器人方向发展。

4.3 多种多样的机器人

目前，机器人技术在各行各业均得到了广泛应用。按照其用途不同，我们可以将它分为以下几种类型。

4.3.1 焊接机器人

焊接机器人（图 4－4）具有性能稳定、工作空间大、运动速度快和负荷能力强等特点，它的焊接质量明显优于人工焊接，大大提高了点焊作业的生产率。一般而言，采用机器人焊接比同样用人工焊接的效率可提高 2～4 倍，焊接质量优良且稳定。点焊机器人主要用于汽车整车的焊接工作，生产过程由各大汽车主机厂负责完成。从 20 世纪 60 年代开始用于生产以来，其技术已日益成熟。国际工业机器人企业凭借与各大汽车企业的长期合作关系，向各大型汽车生产企业提供各类点焊机器人单元产品，并以焊接机器人与整车生产线配套的形式进入中国，在该领域占据市场主导地位。我国已设计制造了多种自动机器人焊接工作站，均为企业带来了良好的效益，在自动机器人焊接工作站领域积累了丰富的经验。随着汽车工业的发展，焊接生产线要求焊钳一体化，要求焊接工件的重量越来越大，165 千克点焊机器人是目前汽车焊接中最常用的一种机器人。弧焊机器人主要应用于各类汽车零部件的焊接生产。

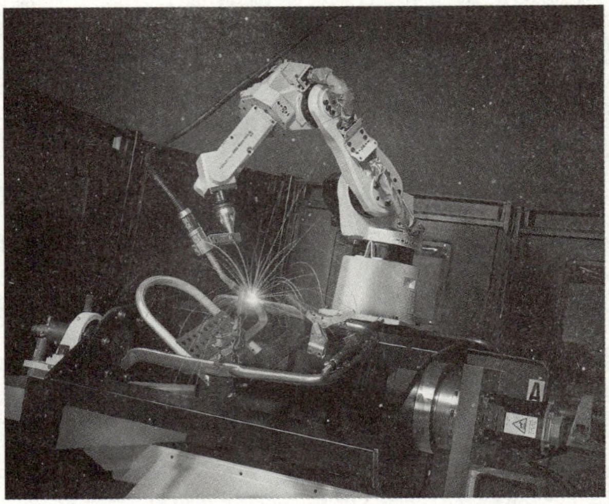

图 4-4 用在自动化生产线上的焊接机器人

焊接机器人系统一般多采用熔化极气体保护焊（MIG、MAG、CO_2 焊）或非熔化极气体保护焊（TIG、等离子弧焊）方法。设备一般包括：焊接电源、焊枪和送丝机构、焊接机器人系统及相应的焊接软件及其他辅助设备等。

4.3.2 军事机器人

军事机器人是指为了军事目的而研制的自动机器人，在未来战争中，自动机器人士兵将成为对敌作战的军事行动中的绝对主力。目前，一些国家正在组建机器人部队。一些军队的机器人已开始执行侦察和监视任务，替代士兵站岗放哨、排雷除爆。英国谢菲尔德大学计算机系教授夏基认为，机器人的成本仅是士兵的1/10，它替人类厮杀疆场的场景，将有可能在10年内变成现实。据悉，美军未来一个旅级作战单元，将至少包括151个机器人战士。为了验证这支智能战争机器人队伍的作战能力，美陆军第29步兵团在2007年举行了一场“机器人战争演习”：整支机器人作战兵团由18种执行不同任务的机器人组成，每名机器人与战场上各种陆、空作战平台及传感器连接在一起。战斗打响后，地面机器人充当先锋，当隐藏着的敌人攻击它时，空中的无人驾驶侦察机发现敌军位置，通知巡航中的无人驾驶智能战斗机，然后智能战斗机发射导弹命中目标。所有战术行动都由智能战争机器人自行完成。据估算，这支机器人作战部队将使战斗时间缩短一半，而美军士兵伤亡率降低60% ~80%。美军事专家称，到2015年，半数美军将是机器人，而另一半是普通人类士兵。

2004年美军仅有163个地面机器人。2007年则增长到5 000个，至少有10款智能战争机器人在伊拉克和阿富汗“服役”。部署到阿富汗的智能机器人“赫耳墨斯”主要用于探穴钻洞，它身上安装有两个照相机，能爬进漆黑的洞穴并向外发送图片；美军机器人“剑”在伊拉克战场更是神通广大，它能轻易地通过任何阻碍，备弹200发，装备一挺经改造的M249型机枪，射速高达1 000发/分，火力强度足以与一挺重机枪媲美；而机器人“背包”则能在巷战环境中捕捉、分辨反美武装狙击手的细微动静；机器人“嗅弹”（图4－5）能灵敏地嗅出伪装起来的爆炸物；机器人“骡子”（图4－6）则能够在危险的战场上为士兵搬运弹药；名为“仿生苍蝇”的机器人则可做一些复杂的手术……

图4－5　美军机器人“嗅弹”

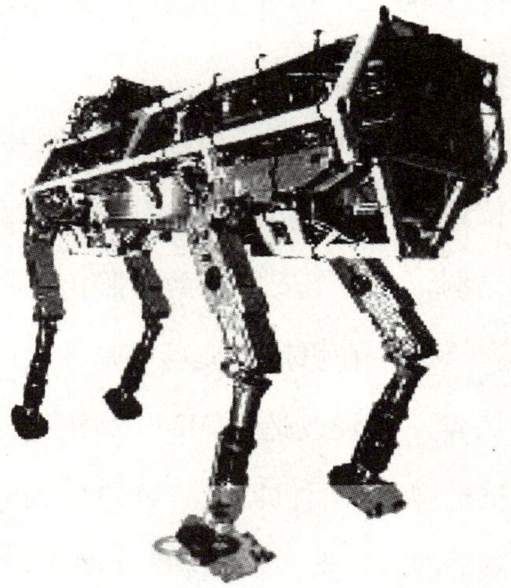

图 4－6 美军机器人“骡子”

4. 3. 3 太空机器人

太空机器人，是一种在航天器或空间站上作业的具有智能的通用机械系统。太空机器人具有机械臂和电脑，能实现感知、推理和决策等功能，可以像人一样在事先未知的空间环境下完成各种任务。只有操作功能不具备智能的简单机器人一般称为机械手。

太空机器人工作在微重力、高真空、超低温、强辐射、照明条件差的空间环境下，它与地面上用的工业机器人有很大差别。在失重条件下物体处于漂浮状态，给太空机器人操作带来种种困难。空间视觉识别以及视觉与手爪的配合较地面更困难。太空机器人需要采用三维彩色视觉系统，以便同时确定物体的位置和方向，还要有便于更换的灵巧的末端操纵器，利用其接近觉、触觉、力觉、滑觉传感器配合视觉系统完成各种操作任务。

最简单的太空机器人是一种由人操纵的多关节机械装置。它仅起执行机构的作用，需要由人不断操纵。操作者是控制回路的直接组成部分。由于远程操作带来信号传输和处理的延时，控制系统可能失稳。早期航天器上的机器人均属于此种类型。1967 年，美国“观察者” －Ⅲ航天器上安装的机械手，在地面操作者控制下，用手爪在月面上完成了挖沟操作并进行了土壤实验。1976 年，美国

“海盗”号火星登陆器上安装的机器人接收地面遥控指令后，启动一个预先编好的程序，便在指定的表面上着陆，取回火星表层的土样，并完成挖沟操作。美国航天飞机上安装的遥控机械手在航天员的遥控操纵下多次成功地释放卫星入轨，并在轨道上回收了出故障的通信卫星。1986 年 2 月，苏联发射的“和平”号空间站上安装了遥控机械手，它可将对接在轴向对接口上的航天器转移到侧向对接口上，腾出轴向对接口供下次对接时使用。

还有一种人机混合的遥控系统，它将遥控和一定级别的自主技术相结合。系统有两个控制回路：本地回路和远地回路，两回路之间由远程通信联系。工作在低智能和高响应率远地回路的太空机器人接到本地回路控制人员的遥控操作指令后，根据自身的敏感器信息和智能，在远地计算机控制下完成指定操作。操作者则工作在高智能和低响应率的本地回路内，他根据机器人发来的各种信息监控机器人在远地控制回路内的工作，不时向它发出指令，远地计算机根据指令控制机器人的操作。操作人员无须直接介入机器人回路，就仿佛身临现场一样遥控操作，从而消除了操作者的疲劳感，大大提高了工作效率。初期空间站开发中应用的主要就是这种机器人。

随着航天任务的不断发展，人们想要无须人操纵的智能机器人。它具有视觉、听觉、触觉等感官功能。机器人接到航天员的命令后（或根据空间站上专家系统的指令），自行规划、编程、诊断、决策，自主完成装配、修理或实验任务。它也可乘坐喷气背包到远离空间站的轨道现场执行任务。这样就可以代替宇航员的工作，大大减轻了宇航员的负担。随着航天活动的发展，对未来空间站高级阶段提出了全自主的要求；此外在外层空间及星际考察中，由地面遥控航天器已不现实，这也要求航天器自主控制，因此自主机器人是未来空间应用机器人的必然发展趋势。

4.3.4 仿真机器人

高仿真机器人有与真人完全一样的外形、身高、毛发、肌肤，有与真人一样的语言、语气、口形、表情，有真人一样的五官外貌。它的头、颈、腰、臂、手等身体主要部分均能如真人一样摆出多种姿势和动作。高仿真机器人将机器与人的关系变为“人”与人之间的交流，而且有部分人类的智能和超出人类的智能。如某类仿真机器人可以代替服务台功能而进行导购、导游、问询等工作，成为一种新颖引客服务工具，是一种娱乐、趣味性机器人。礼仪机器人具有多种拟人功能，诸如移动、转身、招手、摆手、握手、眨眼、转眼、点头、摇头、触觉手感以及避碰接近觉等，还可以用原声、童声、老年声、女声等变调语音与顾客对话。

国外很早便认识到机器人仿真技术在机器人研究和应用方面的重要作用，并从20世纪70年代开始进行了这方面的研究工作。在许多从事机器人研究的部门都装备有功能较强的机器人仿真软件系统，它们为机器人的研究提供了灵活和方便的工具。例如，美国康奈尔大学开发了一个通用的交互式机器人图形仿真系统，利用它可以很容易建立所需要的机器人及环境的模型，并且具有图形显示和运动的功能。德国萨尔大学开发了一个机器人仿真系统，它能进行机器人系统的分析、综合及离线编程。美国马里兰大学开发了一个机械手设计和分析的工具，它能产生机械手的动力学模型，根据需要可以自动产生FORTRAN语言的仿真程序，同时也可产生符号表示的雅可比矩阵。美国麻省理工大学开发了一个机器人CAD软件包，它可用于时间最优轨迹规划的研究。密歇根大学开发了一个机器人图形编程系统，其特点是菜单驱动和光标控制，并能有219图形符号来仿真外界的传感器和执行部件，以使用户获得更加接近真实的编程环境。

现有仿真机器人系统的主要缺陷是对环境的适应性和学习能力不足。机器的智能来源于与外界环境的相互作用，同时也反映在对作业的独立完成度上。机器人学习控制技术是实现仿真机器人在结构和非结构环境下实现智能化控制的一项重要技术。但是由于受到传感器噪声、随机运动、在线学习方式以及训练时间的限制，学习控制的实时性还不能令人满意。仍需要研究和开发新的学习算法、学习方式，以不断完善学习控制理论和相应的评价理论。目前针对机器人学习控制的研究，大都停留在试验室仿真的水平上。

4.3.5 动物机器人

在许多科幻电影中出现的各种各样动物形状的机器人在未来是有可能实现的，目前世界上有很多科学家正在研究动物机器人。他们利用不同动物的特性，来发挥动物机器人的特点，以更好地为人类服务。

机械工程师乔丹·博伊尔制作了一个3D的机械毛毛虫（图4－7）。这是一条有弹性、灵活地安装了滚轮的机器毛毛虫，它可以在简单的障碍物面前自动寻找路径。博伊尔介绍说："这条机械毛毛虫可以自动适应所处的环境，但是它还没有足够的动力和灵活度来真正地生活在现实世界中。它仍然依赖于机械师与电脑的帮助来完成一些搜救工作，目前，它还不能顺利地从碎石中穿过，也不能完美地感应周围的事物，而这两点对于机器人搜救工作来说是非常重要的。它看起来正在学着探测周围的环境并对其产生反应，但实际上它还是在本体感受的本能下运作。这看起来不错，但是对于用于搜救工作来说还远远不够。"随着资金的继续投入，博伊尔将开始制作新的模型，希望它们能够在搜救工作中发挥更大作用。

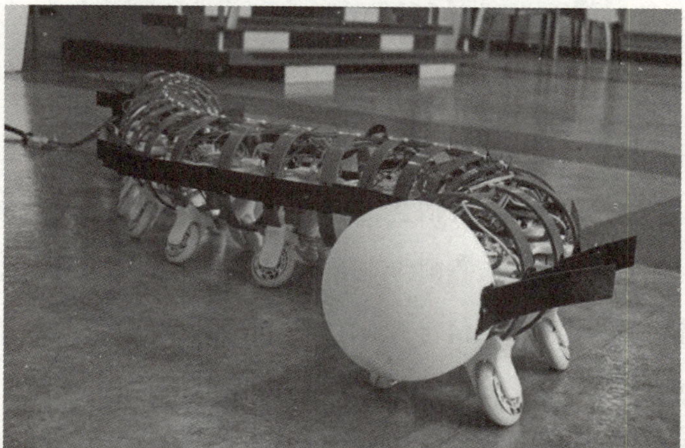

图4－7 机器毛毛虫

另外，人类最忠实的伙伴狗有了一个机械化身——美国国防高级研究计划局的阿尔法狗（图4－8）。这只"狗"装备有一个传感器用来辨别他人、草木和石头。在2012年2月，美国国防高级研究计划局宣布了阿尔法狗的第一次户外演习，并公开了一段视频。视频中这只机器狗看起来在它的金属背上负载了很大的重量。这只由波士顿动力学工程公司制造的机器狗可以完成不加额外燃料进行181千克负重32千米慢跑任务。美国国防高级研究计划局还打算在这只机器狗上装配声音传感器，让人们可以直接用声音向它发出简单的指令，如"停下""坐下”“过来”等。阿尔法狗现在还只是一个工程模型，但是美国国防高级研究计划局希望这个四脚机器人有一天真的可以帮助人们进行负重任务，像真正的狗一样与人沟通，并且能够穿越复杂的地形执行任务。

图4-8 机器狗“阿尔法”

除此之外，科学家们也正在研制其他各种各样的动物机器人，比如德国工研院正在制造一只白色的蜘蛛来评估空气中对人体有致命毒性的化学物质的泄漏程度；美国德克萨斯州立大学工程师约纳斯·塔德瑟正在研究怎么制造一个机器水母来监测水体污染，等等。相信在未来，动物机器人也会以各种各样的形态出现在人们的生活中。

近日，中国科学家潘钦敏和他的同事研发出了一 种水上微型机器人（图4-9)，它可以效仿水黾的特点进行水上行走。对于水黾，大家一定不会陌生。它主要栖息于静水面或流速缓慢的水面上，身体细长，非常轻盈，凭借脚上的油质细毛就可以优雅地在水面上跳跃和玩耍，因此被称为“池塘中的溜冰者”。科学家们表示，如果用这种仿生微型机器人改进先前的设备，它将具备军事侦察或监测水体污染等用途。

潘钦敏说，水上行走一直都是人类的梦想，但是这只是水生昆虫如水黾、蚊子、水蜘蛛等的生活方式。这些小昆虫的腿部具有特殊的微纳米结构，这个特殊结构保证它们在水中行走时，腿部被一层空气垫环绕，因此可以在水面自由行走

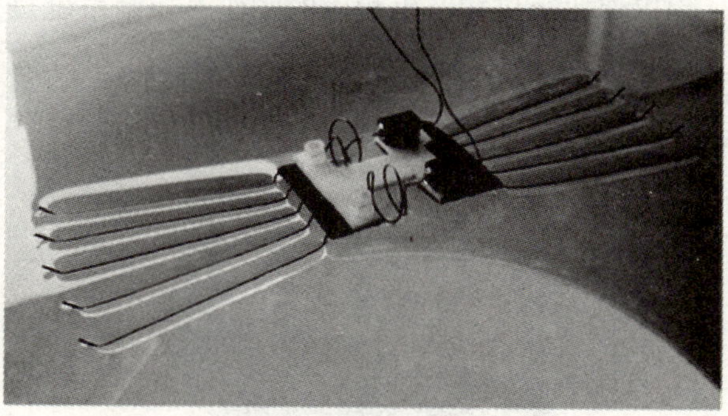

图 4 -9　能够实现凌波微步的水上机器人

而不沉没。

我们来看看这一奇特的机器人。该机器人有 10 条防水支撑腿和两条像划桨一样的驱动腿。支撑腿伸向机器人两侧以保证漂浮，中央的驱动腿则与电动机输出轴相连，一旦旋转，便会划动水面产生动力，实现机器人在水上的行走。为了使机器人在水面上站立和行走更加稳定，机器人总体结构呈对称分布，通过合理安排器件的位置，将机器人重心调整至控制板的几何中心。

此前有许多科学家研制过基于水黾的微型水上设备，并用它们来检测水源，或者装备摄像头，来完成军事侦察任务。但是至今为止，都没有造出真正实用、灵活且廉价的水上机器人。潘钦敏说，这种微型机器人的重量大约是水黾的 390 倍，很多人都担心它刚被放到水面上就立即沉没。但在现场测试中，机器人很轻松地站在了水面上，而且还能自由行走和转弯。

正如《洛神赋》中曹植说的那句话：“体迅飞凫，飘忽若神，凌波微步，罗袜生尘”，传说中的“凌波微步”没准真的能成为现实！

4.4　机器人的组成

机器人是一种机电一体化的设备。从控制观点来看，机器人系统可以分成四大部分：机器人执行机构、驱动系统、控制系统、感知反馈系统（图 4 - 10）。执行机构包括臂部、腕部和手部，有的机器人还有行走机构。大多数工业机器人有 3 ~6 个运动自由度，其中腕部通常有 1 ~3 个运动自由度；驱动系统包括动力装置和传动机构，用以使执行机构产生相应的动作；控制系统是按照输入的程序对驱动系统和执行机构发出指令信号，对机器人的启动、停止等进行操作的装置，它指挥机器人按规定的需求动作。

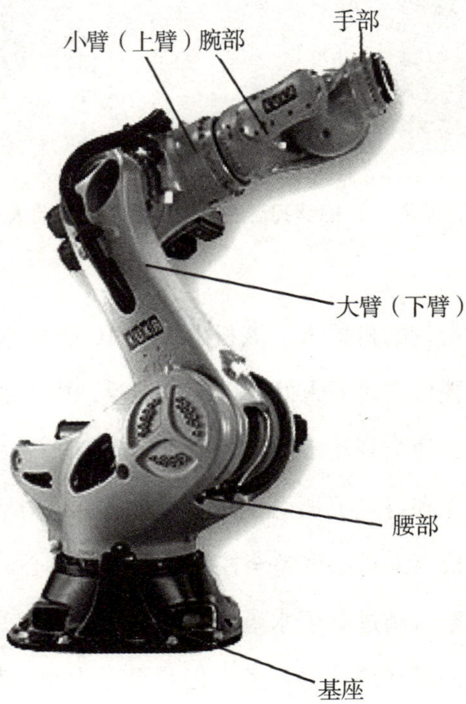

图 4－10　机器人本体

图 4－11 是机器人系统各个组成部分的结构框图。

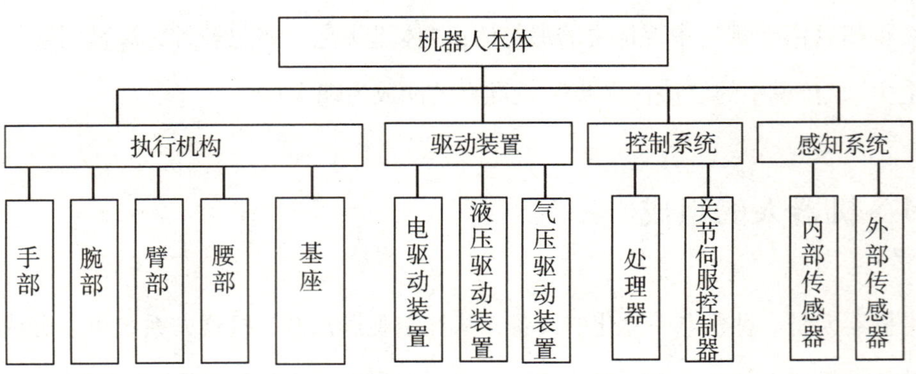

图 4－11　机器人系统结构

机器人的最初出现是传统的机构学与近代电子技术相结合的产物。当前，机器人技术是综合了计算机、控制论、机构学、信息和传感技术、人工智能、仿生学等多学科而形成的高新技术，是当代十分活跃的研究开发领域，它包括正在逐步深入的机器人学基础技术研究，也包括对国民经济有着重要作用的机器人工程应用技术研究。

机器人按臂部的运动形式分为四种，即直角坐标型、圆柱坐标型、球坐标型、关节型。如图 4－12 所示。直角坐标型的臂部可沿三个直角坐标移动；圆柱坐标型的臂部可做升降、回转和伸缩动作；球坐标型的臂部能回转、俯仰和伸缩；关节型的臂部有多个转动关节。

机器人按执行机构运动的控制机能，又可分为点位型和连续轨迹型。点位型只控制执行机构由一点到另一点的准确定位，适用于机床上下料、点焊和一般搬运、装卸等作业；连续轨迹型可控制执行机构按给定轨迹运动，适用于连续焊接和涂装等作业。

如果要完成复杂的任务，机器人还要有适当的传感功能，以实现与环境的实时交互，并调节它的执行过程。下面列出了机器人所用到的传感器或传感方法。

1）视觉：光电探测器、一维阵列传感器、二维阵列传感器、电视摄像机、激光、光学纤维等。

2）触觉：探针式、应力计式、压电式、压阻式、分立阵列式、集成阵列式等。

3）听觉：超声波发射器及接收器、超声波阵列、麦克风等。

另外还有红外、雷达、磁性接近式传感器和离子辐射式传感器等。

4.5 机器人的主要支撑技术

机器人是一种自动的、位置可控的、具有编程功能的多功能操作机，这种操作机具有几个轴，能够借助可编程操作来处理各种材料、零件、工具和专用装置以执行各种任务。20 世纪 80 年代以来，工业机器人技术逐渐成熟，并很快得到推广，目前已经在工业生产的许多领域得到应用。在机器人逐渐得到推广和普及的过程中，下面三个方面的技术进步非常重要的作用。

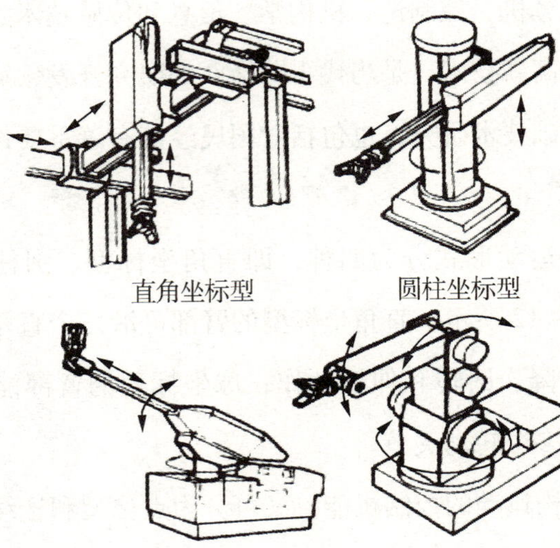

图 4－12　工业机器人臂部的四种运动形式

4.5.1　驱动技术

20 世纪 70 年代后期，日本安川电动机公司研制开发出了第一台全电动的机器人，而此前的机器人基本上采用液压驱动方式。与采用液压驱动的机器人相比，采用伺服电动机驱动的机器人在响应速度、精度、灵活性等方面都有很大的提高，因此，它也逐步代替了采用液压驱动的机器人，成为机器人驱动方式的主流。在此过程中，谐波减速器、RV 减速器（由第一级渐开线圆柱齿轮行星减速机构和第二级摆线针轮行星减速机构两部分组成）等高性能减速机构的发展也功不可没。近年来，交流伺服驱动已经逐渐代替传统的直流伺服驱动方式，直线电动机等新型驱动方式在许多应用领域也有了长足发展。

4.5.2　控制技术

到目前为止，多数商品化机器人控制器下级的控制策略基本上是独立关节 PID 伺服算法。这种控制方法的主要缺点是，反馈增益是预先确定的常量，它不能在有效载荷变化的情况下改变反馈增益。机器人高速运动时，其动力学效应十分显著。为解决上述问题，同时针对机器人的多变量、非线性、强耦合以及不确定性等实际问题，许多专家学者提出了多种控制方法来加以解决。如变结构控制、分层递阶的智能控制方法，还有模糊控制、神经网络控制、专家控制等多种控制方法，都被应用于机器人的控制上来，用以提高工业机器人的操作性能。

4.5.3 信息处理技术

机器人的动作通常是通过机器人各个关节上驱动电动机的运动而实现的。为了使机器人完成各种复杂动作，机器人控制器需要进行大量计算，并在此基础上向机器人各个关节的驱动电动机发出必要的控制指令。随着信息技术的不断发展，CPU 的计算能力有了很大提高，机器人控制器的性能也有了很大提高，高性能机器人控制器甚至可以同时控制二十多个关节。机器人控制器性能的提高也进一步促进了机器人本身性能的提高，并扩大了机器人的应用范围。近年来，随着信息技术和网络技术的发展，已经出现了多台机器人通过网络共享信息，并在此基础上进行协调控制的技术趋势。

4.5.4 传感器技术

机器人技术发展初期，机器人只具备检测自身位置、角度和速度的内部传感器。近年来，随着信息处理技术和传感器技术的迅速发展，触觉、力觉、视觉等外部传感器已经在工业机器人中得到了广泛应用。各种新型传感器的使用不但提高了机器人的智能程度，也进一步拓宽了工业机器人的应用范围。

由此可以看出，机器人技术是高科技的重要组成部分，融合了机械、电子、传感器、计算机、人工智能等许多学科的知识，涉及当今许多领域的前沿技术。机器人是一种仿人操作、自动控制、可重复编程、能在三维空间完成各种作业的机电一体化生产设备，特别适合于多品种、变批量的柔性生产，对稳定、提高产品质量，提高生产效率，改善劳动条件和产品的快速更新换代起着十分重要的作用。机器人技术主要具有以下几方面的特点。

（1）技术先进

工业机器人集精密化、柔性化、智能化、软件应用开发等先进制造技术于一体，通过对过程实施检测、控制、优化、调度、管理和决策，实现增加产量、提高质量、降低成本、减少资源消耗和环境污染的目标，是工业自动化水平的最高体现。

（2）技术升级

机器人与自动化成套装备具备精细制造、精细加工以及柔性生产等技术特点，是继动力机械、计算机之后，出现的全面延伸人的体力和智力的新一代生产工具，是实现生产数字化、自动化、网络化以及智能化的重要手段。

（3）应用领域广泛

机器人与自动化成套装备是生产过程的关键设备，可用于制造、安装、检测、物流等生产环节，并广泛应用于汽车整车及汽车零部件、工程机械、轨道交通、低压电器、电力、IC 装备、军工、烟草、金融、医药、冶金及印刷出版等众多行业，应用领域非常广泛。

（4）技术综合性强

工业机器人与自动化成套技术，集中并融合了多项学科，涉及多项技术领域，包括工业机器人控制技术、机器人动力学及仿真、机器人构建有限元分析、激光加工技术、模块化程序设计、智能测量、建模加工一体化、工厂自动化以及精细物流等先进制造技术，技术综合性强。

4.6 机器人的未来

机器人技术是具有前瞻性、战略性的高技术领域。国际电气电子工程师协会 IEEE 的科学家在对未来科技发展方向进行预测中，提出了 4 个重点发展方向，机器人技术就是其中之一。

随着科技的不断进步，无论是仿生运动方面还是人工智能方面，都会发展到一个新的高度。我们的生活一定会因新型的机器人而有所改变。那个时候，科幻电影将不再科幻，很多我们难以想象的场景将会出现，我们世界的法则或许也会发生新的变化。

未来的机器人会拥有和人一样的身材及体量，在最大程度上模仿人的外形及运动。这种机器人更加接近科幻电影中的机器人，可以在更大的程度上代替人的工作。机器人可以走进家庭、工厂、医院。而由于运动学、仿生学和新材料的发展，我们将研制出更加完美的身体器官替代品。因此未来人的生命质量将大大提高，现在很多无法解决的医学问题也会得到很好的解决，这对于人类社会来讲无疑是很有意义的一件事。

相信在不远的未来，机器人将以各种形态出现在我们周围，为我们打扫卫生，给我们做饭洗衣，帮我们驾驶汽车，甚至能够像朋友一样和我们聊天。让我们期待那一天的早日到来。

机器人是人类的得力助手，是能与人类友好相处的可靠朋友，将来我们会看到人和机器人会生活在一个空间里面，成为一对互相的助手和朋友。随着社会的发展，机器人将使人们从繁重的体力和危险的环境中解放出来，给人们带来更好的生活环境，使人们有更多的岗位去工作，去创造更多的精神财富和文化财富。展望21世纪，机器人将会与20世纪计算机的普及一样，深入地应用到各个领域。所以很多专家预测，在21世纪的前20年是机器人从制造业走向非制造业发展的一个重要时期，也是智能机器人发展的一个关键时期。目前国际上很多国家，也就机器人对人类社会的影响提出了新的认识；同时，我们也可以看到机器人技术涉及多个学科，如机械、电工、自动控制、计算机测量、人工智能、传感技术等，它是评判一个国家高技术实力的一个重要标准。

5 无形操作——遥感遥控遥测技术

遥感、遥控及遥测技术即我们通常所说的三遥技术，集中了空间、电子、光学、计算机通信和地学等学科的最新成就，是当代高新技术的一个重要组成部分。三遥技术的应用也逐渐深入到国民经济、社会生活与国家安全的各个方面，广泛用于诸如测绘、气象、国土资源勘察、灾害监测与环境保护、国防、能源、交通、工程等诸多学科及领域，并发挥了独特作用，给人类的生活带来了极大的便利，显示出了广阔的应用前景。

5.1 隐形的操作技术

人类的好奇心是天生的，正由于有太多的好奇心，人类才充满了许多梦想。在古代，人类希望能够长上翅膀，像鸟儿一样自由地飞翔在蓝天白云之间；人类还幻想着能够足不出户，将天下事尽收眼底……于是美好的幻想便存在于古代诸多的神话和文艺作品中，比如在《封神榜》和《西游记》里都有“千里眼”和“顺风耳”的描述，有了这样的本领，就能够将千里之外发生的事情看得一清二楚，能够将千里之外的声音听得一清二楚。另外在许多神话中，各路神仙都能够“呼风唤雨”“隔空取物”，有着诸多法力。当然，这样的能力在真实的古代社会是不存在的，在科技不发达的年代，人类只能用这种方式来寄托自己的美好愿望。

进入现代社会以来，随着无线电技术、卫星技术、计算机技术和通信技术的不断发展，人们的生活也发生着翻天覆地的变化。之前只有在神话传说中才能出现的“千里眼”和“顺风耳”，其实在我们当今生活的时代早就已经出现了。如今，我们已经进入到了一个可以呼风唤雨的时代，依靠现代科技，人类早已把从前的许多幻想变成了现实。下面我们就举几个“千里眼”和“顺风耳”的例子。

我们每天在看电视的时候，只需要通过手中的遥控器的按键，就可以随时切换到你喜欢的频道上来，而不再像早期的电视一样去旋转电视机上的旋钮才能够换台。除了电视机之外，还有很多家用电器可以通过遥控器来对其进行控制，比如空调、智能窗帘、热水器等，还有可以在市场上买到的遥控汽车、遥控飞机等玩具，极大地方便和丰富了我们的生活。这种通过遥控器实现远距离的操控，就像是无形中有一双神秘的手，操纵着远距离的一切。图 5 - 1 是常见的遥控飞机外形。

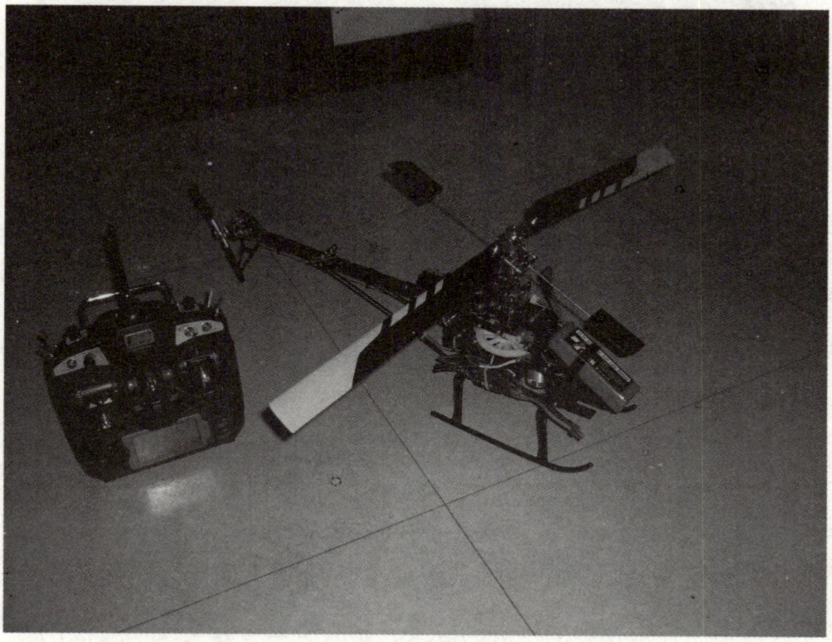

图 5 - 1　常见的遥控飞机外形

现在气象局每天都会发布天气预报，为我们提供台风、暴雨、寒潮、高温、沙尘暴、大雾等各类灾害性天气的预报警报，提供天气预报、天气实况、降水量预报、强对流天气预报、农业气象、海洋海潮信息，为我们的生活、生产提供帮助。这仿佛真有“千里眼”和“顺风耳”呢！图 5 - 2 为一张气象局发布的卫星云图。

我国的航天技术正在迅猛发展，当地面发射站使用运载火箭发射一个卫星到

图5-2　气象局发布的卫星云图

太空中的过程中，我们可以在地面指挥中心随时跟踪关注火箭在太空中的一举一动，测量火箭在飞行过程中的轨道参数，控制其飞行状态，使其“任人摆布”，以保证运载火箭能够将卫星送入指定的轨道。人类真的做到了呼风唤雨。图5-3为某运载火箭地面指挥中心。

上面的这些，到底是如何实现的，是什么样的现代科技具有如此神力，它就是“三遥技术”。

那么什么是三遥技术呢？具体来讲就是指遥感、遥控、遥测技术。三遥技术，是无线电信息技术发展的巨大的成果，是人类当今社会文明发展的一个重要标志，给人类社会各个方面带来了巨大的影响和改变。遥感、遥控、遥测技术融合了当今社会的诸多先进技术于一体，随着当今计算机技术、信息技术、传感技术、微电子技术以及微生物技术的不断向前发展，三遥技术的应用领域也从各自传统地位不断朝着全学科、全方位和全社会发展。

图 5－3　运载火箭地面指挥中心

5.2　神奇的遥控技术

小小的遥控器为什么能控制电器呢？其实遥控器是利用“红外线”来传递、控制信号的。当我们按下遥控器的按钮时，遥控器的前端就会发出红外线，把信号传给电器里的感应器，使电器做相应的动作。不过，人的眼睛可是看不到这种光线的哟！

生活中随时会遇到这样的事情：在用收音机听广播时，如果声音太大，就要把音量关小些，反之就把音量开大些；在淋浴时，如果水太热，就要把热水关小些，反之就要开大些。这些调节过程实质就是控制系统的控制过程。在这里，音量或水温是被控对象；耳朵或皮肤起到测量的作用，它们将测量的结果传递大脑；大脑相当于控制命令装置，它根据测量的结果发出控制命令；手则是执行大脑命令的执行机构。遥控技术的原理也是类似的，只不过在遥控过程中的执行机构由人们看不到的无线电波取代了。这样看似无表面上的接触，但实际上控制已经完成了。

说到遥控技术，我们就不得不提及无线电波，这也是遥控技术的秘密所在。

无线电遥控技术的诞生起源于无线电通信技术，最初的构想是建立无线电电报技术。随着晶体管的发明和集成电路的诞生，无线电遥控技术达到了更加完善的程度。

20世纪初，意大利发明家马可尼带领人类走进了无线电技术时代，无线电遥控技术的发展只有几十年的历史。在第一次世界大战期间建立了远距离定向无线电台。随后，无线电技术不断发展，到了第二次世界大战，由于战争的需要，无线电开始遥控坦克、鱼雷快艇、无人机和导弹。无线电遥控技术逐渐在军事、国防、工农业生产以及科学技术等方面得到了广泛的应用。现今，随着电子技术的飞速发展，晶体管的发明和新型大规模遥控集成电路的不断出现，遥控技术有了迅猛的发展。遥控装置的中心控制部件已从早期的分立元件、集成电路逐步发展到现在的单片微型计算机，智能化程度也大大提高。近年来，遥控技术在工业生产、家用电器、安全保卫以及人们的日常生活中使用越来越广泛。在无线遥控领域，目前常用的遥控方式主要有超声波遥控、红外线遥控、无线电遥控等。由于无线电波在空间中向四面八方传播，可以穿过障碍物，而且可以传播很远的距离，因此它可以在很大区域内实现控制，成为遥控的主要方式，在国防、军事、生产、建设和日常生活中有极其广泛的应用。

在飞行器遥控技术方面，早在20世纪的初期，就有了无线电遥控系统的雏型。1913年，意大利人曾试验用无线电操纵飞机。第一次世界大战后，法国和德国相继试验遥控飞机，试图利用无线电技术来控制无人驾驶飞机，但由于技术不够完善，没有得到实际应用。直到第二次世界大战末期，德国首先制成了v－1和v－z导弹，以及无线电指令制导的防空导弹，才使无线电遥控技术进入实用阶段。从20世纪50年代起，美苏等国都积极发展导弹武器，使遥控技术得到飞速发展。1957年，苏联发射了第一颗人造地球卫星，标志着无线电遥控技术进入了一个新的阶段。1969年，美国“阿波罗－11”将人送上月球，实现了载人登月的往返飞行（图5－4），从而将无线电遥控技术推向了一个新的高度，从此遥控技术在航空航天方面得到广泛的应用和发展。

美国、日本、德国以及包括中国在内的很多国家，对遥控技术进行了大量的研究并取得了显著的成果。从遥控视距的角度来看，遥控技术发展经历了下面三个阶段：视距遥控、超视距遥控和远程无线遥控。对于视距遥控，操作员不与机器直接接触，位于作业区的危险范围外，通过直接观察、发送指令来控制各种设备。一般来说，其可靠遥控作业距离为几十米。在视距遥控基础上发展起来的超视距遥控，虽然仍需要操作员靠近工作区作业，但通过先进的数据传输手段和控制技术，能够为操作员提供作业区的反馈信息来克服视距遥控的某些局限性，增强了操作员对设备的遥控控制能力。与此相比，远程无线遥控则显示出了更大的优越性。

图 5－4　“阿波罗－11”使人首次登上月球

2012 年 2 月 29 日，在巴塞罗那举行的第七届世界移动通信大会上，美国电话电报公司向人们展示了新的无线遥控系统（图 5－5），即通过智能无线连接系统，用户可以用手机或电脑控制几乎家中所有的设施，如远程控制窗帘、开关门、启动壁炉等，无论身处办公室或在回家的路上，都如同在家中一样方便。

经常开车的朋友会经常往返于市区繁华地段工作，然而市区的停车场空间不大，且常常车满为患，停车、取车的空间都十分狭窄；加上有些司机的停车、倒车技术并不熟练，常常要为进、出车位花费太多时间，让人头疼不已。如果能有

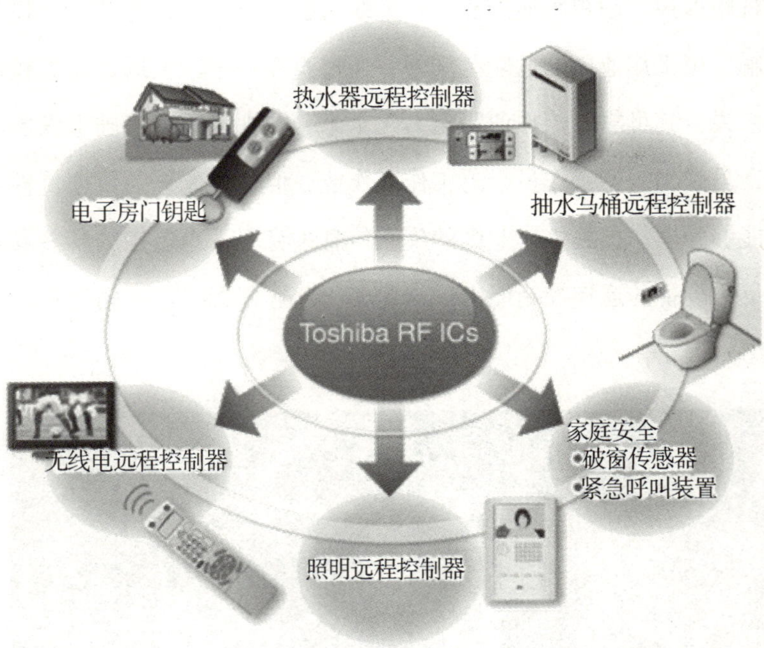

图5-5 新的无线遥控系统

一辆像玩具遥控汽车一样可以轻松启停、方便操控的汽车，肯定能够帮助司机朋友节省很多精力和时间。

图5-6 配备遥控驾驶系统的汽车

国内某家厂商近期推出了一款很“神奇”的智能遥控器汽车，据悉这也是第一款真正步入市场的可遥控操纵汽车，车钥匙可以“兼做”操控器，可以在车主视线范围内（10~20 米），以安全速度“溜车”，让车主时时掌握车辆状态、方便起停转向。这种“无人驾驶”技术，将驾驶控制权从车内转移到车外，实现了发动机的远程遥控启动、关闭；车辆前进、后退；左右转向以及低速行驶等功能。如图 5-6 所示。如果你经常遇到停、取爱车的麻烦，完全可以站在一边利用手中的遥控钥匙，准确、安全、快捷地将爱车操纵到合适的位置。

总体来说，遥控驾驶技术的出现，从安全、快捷、方便等多方面解决了人们在泊车、驾驶上遇到的棘手问题，具有很强的实用性。从长远发展来看，现在的人们在考虑买车的时候，也同样追求汽车的时尚、速度、安全等综合性能，这督促着汽车产业进行技术革命。当手机、电话等用品已经逐步迈进智能化时代并给人们带来全新体验和便捷的生活时，也标志着智能化将成为当今人们所追求的生活目标。遥控驾驶技术的诞生，让汽车智能化也逐渐走进了人们的生活，是尖端科技与用户体验的完美结合，让人充分享受指尖上的启停乐趣。

从上述可知，遥控技术是对受控对象进行远距离控制和监测的技术。它是利用自动控制技术、通信技术和计算机技术而形成的一门综合性技术，一般都是指对远距离受控对象单一的或两种极限的动作进行控制的技术，在人们的生产生活中具有广泛的应用空间。

5.3 遥感技术——碧空慧眼

说到“遥感”这一名词，大家可能觉得有些陌生，然而在当今社会，遥感技术已经无处不在，我们也在每天享受遥感技术带来的便利。先给大家举一个小例子来看一下遥感技术能够做什么。

曾经有报道说，北京中关村某高科技厂家在建设厂房时要求使用一种高科技合成材料作为房顶，但是施工方在施工过程中偷梁换柱，在有些房顶只使用了一般的材料，由于外观看不出差异，厂家被蒙在鼓里。一年之后，北京某高校遥感专业的实习学生在判读中关村多种波段的遥感图像时，发现这家工厂的厂房屋顶材质不同，于是向该厂家了解情况。厂家否认自己的厂房使用了不同的材料。经过学生对遥感图像的分析和解释，厂家终于明白施工方使用了劣质材料。最后施工方不得不承认这一事实并加以赔偿。为什么肉眼难以分辨，遥感却具有“火眼金睛”？

又比如，我们如果去一个陌生的地方旅游，想要知道当地什么地方好玩以及旅游的路线，在智能手机普及之后，相信大部分朋友用手机下载当地的电子地图，然后通过电子地图来查找相关的路线。目前的旅游电子地图上往往包含了住宿、旅游、交通、美食等多种多样的信息，比如你想要吃早点，只需要在地图里面输入相关的信息，它就会告诉你周围有什么样的美食，还告诉你怎么去。如果你是自驾游的话，到一个完全陌生的地方也不用害怕迷路，使用 GPS（导航系统），就会给你规划好行走的线路。那么，包含这些信息的电子地图又是怎么绘制出来的呢？

我们从“遥感”两字的字面意思就可以知道，遥感技术是“遥远地感知”，就是不与物体直接接触就可以得知物体的情况。那么遥感怎么样才能够得到物体的信息呢？这就需要借助对电磁波敏感的仪器，在不与探测目标接触的情况下，记录目标物对电磁波的辐射、反射、散射等信息，并通过分析，揭示目标物的特征、性质及其变化。图 5－7 为遥感技术示意。

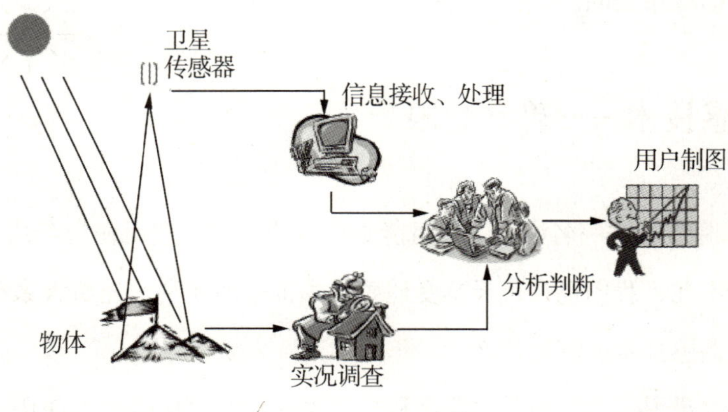

图 5－7　遥感技术示意

5.3.1　遥感技术的分类

根据工作平台的不同，我们可以将遥感技术分为近地遥感、航空遥感和航天遥感。

第一台照相机诞生后拍下第一幅图片，就可以称为遥感，这是利用近地面平台成像遥感，之后随着飞机、卫星等技术的发展，遥感技术也发展到了更深更强的阶段。图 5－8 为遥感技术发展历程图示。

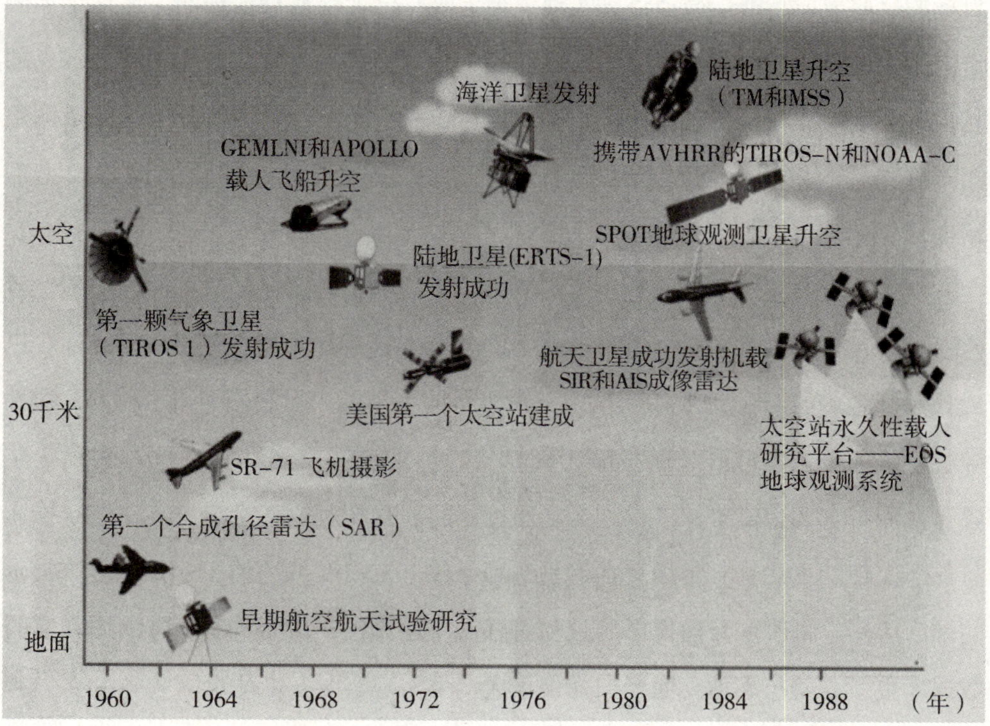

图 5－8　遥感技术发展历程

自 20 世纪初莱特兄弟发明人类历史上第一架飞机起，航空遥感就开始了它在军事领域的应用。此后，航空遥感在地质、工程建设、地图制图、农业、土地调查等方面得到了广泛应用。第二次世界大战中，由于伪装技术的不断提高，促使遥感出现了彩色、红外和光谱带照相等技术。多光谱摄影技术促进了航空遥感的迅速发展。从 20 世纪 60 年代最早采用的多像机型传感器多光谱摄影，到稍后的多镜头型传感器多光谱图像获取，人们把多光谱特征用到了地形、地物判别上。卫星遥感把遥感技术推向了全面发展和广泛应用的崭新阶段。从 1972 年第一颗地球资源卫星发射升空以来，美国、法国、俄罗斯、日本、印度、中国等国家都相继发射了很多对地观测卫星。现在，卫星遥感的多传感器技术，已能全面覆盖大气窗口的所有部分。光学遥感包含可见光、近红外光和短波红外光。用以探测目标物的反射和散射的红外光，微波遥感的波长可为 8 ~ 14 微米；用以探测目标物的发射率和温度等辐射特征，微波遥感的波长为 1 毫米 ~ 1 米，其中被动微波遥感主要探测目标的散发射率和温度，主动微波遥感通过合成孔径雷达探测目标的反向散射特征。微波遥感实现了全天时、全天候地对地观测，雷达干涉测量采用两幅天线同时成像或一幅天线相隔一定时间重复成像，并利用同名像点的相位差测定地面目标的三维坐标，精度可达 5 ~ 10 米。若采用差分干涉测量测定相对位移量的精度可达厘米至毫米级，大大提高了自动获取数字高程模型的精度。

航空航天遥感对地定位趋向于不依赖地面控制，即确定影像目标的实地位置（三维坐标），解决影像目标在什么地方是摄像与遥感的主要任务之一。在原先已成功用于生产的全自动化 GPS 空中三角测量的基础上，再利用 DGPS 和 INS 惯性导航系统的组合，可形成航空航天影像传感器的位置与姿态自动测量和稳定装置，从而可实现定点摄像成像和无地面控制的高精度对地直接定位。在航空摄影条件下，精度可达到分米级；在卫星遥感条件下，精度可达到 5 ~ 10 米。该技术的推广应用，将改变目前摄影测量和遥感的作业流程，从而实现实时测图和实时数据库更新，若与高精度激光扫描仪集成，可实现实时三维测量。

另外，我国在卫星遥感技术方面也取得了巨大进展。到目前为止，我国已经成功发射了二十多颗返回式卫星。这为资源、环境研究和国民经济建设提供了宝贵的空间图像数据，在我国国防建设中也起到了不可替代的作用。图 5 – 9 为利用卫星绘制的中国遥感地图。我国自行研制和发射了包括太阳和地球同步轨道在内的六颗气象卫星。气象卫星数据已在气象研究、天气形势分析和天气预报中广为使用，实现了业务化运行。1999 年 10 月我国第一颗以陆地资源和环境为主要观测目标的中巴地球资源卫星发射成功，结束了我国没有较高空间分辨率传输型资源卫星的历史，已在资源调查和环境监测方面实际应用，逐步发挥效益。我国还发射了第一颗海洋卫星，为我国海洋环境和海洋资源的研究提供了及时可靠的数据。

除了上述发射的遥感卫星外，我国还先后建立了国家遥感中心、国家卫星气

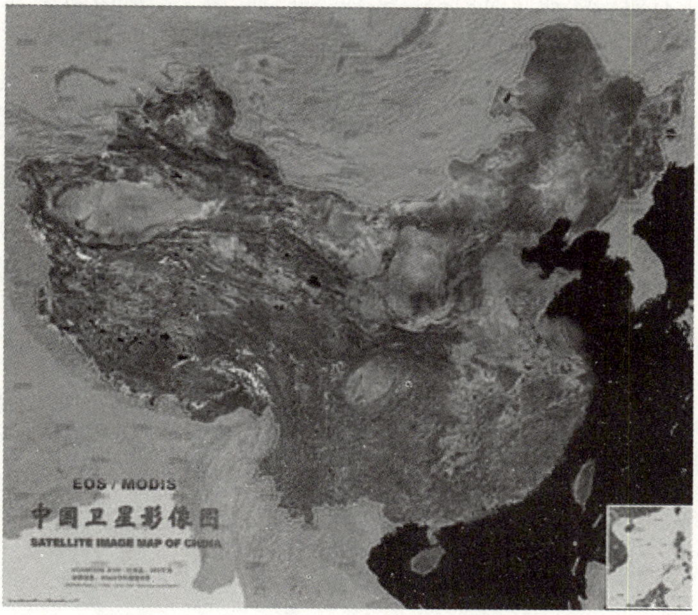

图 5－9　利用卫星绘制的中国遥感地图

象中心、中国资源卫星应用中心、卫星海洋应用中心和中国遥感卫星地面接收站等国家级遥感应用机构。同时，国务院各部委及省市地方建立了一百多个省市级遥感应用机构。这些遥感应用机构广泛地开展气象预报、国土普查、作物估产、森林调查、地质找矿、海洋预报、环境保护、灾害监测、城市规划和地图测绘等遥感业务，并且与全球遥感卫星、通信卫星和定位导航卫星相配合，为国家经济建设和社会主义现代化提供多方面的信息服务。这也为迎接 21 世纪空间时代和信息社会的挑战打下了坚实的基础。

随着传感器技术、航空航天技术和数据通信技术的不断发展，现代遥感技术已经进入一个能动态、快速、多平台、多时相、高分辨率地提供对地观测数据的新阶段。

5.3.2　无处不在的遥感技术

国际上卫星遥感技术的迅猛发展，将在未来 15 年把人类带入一个多层、立体、多角度、全方位和全天候对地观测的新时代。由各种高、中、低轨道相结合，大、中、小卫星相协同，高、中、低分辨率相弥补而组成的全球对地观测系统，能够准确有效、快速及时地提供多种空间分辨率、时间分辨率和光谱分辨率的对地观测数据。

随着对地观测技术的进步以及人们对地球资源和环境的认识不断深化，用户对高分辨率遥感数据的质量和数量的要求也不断提高，从而促进了高光谱分辨率遥感的发展。

遥感技术包括传感器技术，信息传输技术，信息处理、提取和应用技术，目标信息特征的测量与分析等多种技术，以便用于不同的应用领域。比较常见的应用有：天气与气候遥感、陆地水资源调查、土地资源调查、植被资源环境调查、地质调查、城市和人居住环境遥感、海洋资源调查、测绘、考古调查、环境监测和规划管理等。

遥感技术应用于大面积的地质灾难调查，可达到及时、具体、准确且经济的目的。在2008年“5.12”四川汶川大地震的后续救援工作中，遥感技术就发挥了突出作用。它第一时间提供了地质地貌变化情况（图5－10），为政府做出正确决策提供了依据。在甘肃省舟曲泥石流灾害中，中国科学院对地观测与数字地球科学中心科研人员就使用遥感技术，重点提取了6条沟谷与泥石流发生有关的

图5－10　汶川地震后卫星遥感图

图 5－11 甘肃省舟曲县卫星遥感影像图

信息，得到集水面积、流域平均坡度、流域落差和植被覆盖度等参数（图 5－11）。经过分析，科研人员判断出当地哪些地方仍存在泥石流隐患，哪些地段发生大型泥石流的可能性较小，让前方人员可以更有针对性地安排救灾工作。

在林业方面，利用遥感技术可以清查森林资源，监测森林火灾和病虫害。火灾是林业的大敌，利用航空红外遥感技术，不仅能发现已燃烧起来的烈火，而且可以探测到面积小于0.3平方米的小火情，还能及时预报由于自燃尚未起火的隐伏火情。利用卫星遥感，一次就可探测到上千平方千米范围内发生的林火现象。卫星遥感防火监测服务在吉林省森林和草原防火工作中发挥了重要作用，对于人烟稀少的原始林区，能及时监测到瞭望岗哨难以发现的火点，为林火的扑救赢得时间。

在伊拉克战争中，遥感技术发挥了重要的作用，如打击目标的确定、水源的发现、地下坑道的发现、隐藏所的目标锁定等。它为战争的战略指挥和后勤工作做了充分的准备，最大限度地发挥攻击效益，极大地增强了军队战斗力。自动化侦察系统、搜集预处理情报系统、自动化通信系统、气象侦察等，充分保障了空中、地面作战的进行。遥感技术获得的信息探测范围大，资料新颖，而且为动态变化，还可迅速成图；搜集资料方便，不受雨雾、地形等条件的限制。

科索沃战争就是一场现代化的信息战，科索沃上空有20多颗卫星进行追踪定位侦察，监视部队动态变化并及时传递信息，制导轰炸。

阿富汗战争中有太多的始料未及的“B-52”远程轰炸，直接从美国本土起飞，飞行超过5 000千米，且目标准确，由于传感的精确制导，美国从印度洋上的航空母舰直接进行导弹发射。虽然阿富汗有多山的优势，但其在遥感监听下亦丧失殆尽，崇山峻岭中山洞的防御亦不能逃脱精确制导的打击，微波的功能让塔利班地下工事无所遁形。

农业遥感是指利用遥感技术进行农业资源调查、土地利用现状分析、农业病虫害监测、农作物估产等农业应用的综合技术。农业是当前遥感应用的最大领域之一。在2007年的中央一号文件中写道：“鼓励有条件的地方在农业生产中积极采用全球卫星定位系统、地理信息系统、遥感和管理信息系统等技术。”可见遥感技术在农业生产中有重要的地位。

农业遥感主要用于：①农作物估产与监测。2004年以来，利用遥感估产运行系统得到的冬小麦、玉米的长势、墒情、面积和产量监测结果，一直被纳入农业部“农情信息发布日历”，成为农业部粮食会商的三大信息渠道之一，并通过农业部官方网站对外发布。像遥感站所进行的冬小麦监测、玉米监测，就是遥感估产运行系统中的地面调查系统。②病虫害防治中的应用。在小麦生产中，小麦条锈病是损失大、危及范围最广的一种病害。长期以来，我国对小麦条锈病的监测工作仅限于田间取样调查。但是，针对大面积病害的监测，采用人工调查不仅耗费大量人力物力，而且监测效率很低，等病情上报到有关部门时，往往病害已大范围暴发。在国家自然科学基金的支持下，中国农业大学农学与生物技术学院副院长马占鸿教授带领的研究团队，已能够利用卫星遥感技术对我国主要小麦品种实施条锈病病情监测。和人工进行农作物病虫害监测相比，采用卫星遥感监测效率更高，精度更高。③农情监测。农情参数的获取可以用于指导农田的生产管理，实行变量投入，达到优化生产、提高生产率、减少污染的目的，是现代化农业发展的趋势。遥感技术具有覆盖范围大、探测周期短、现时性强、费用成本低的特点，为农情参数快速、准确、动态地获取提供了重要的技术手段。

遥感技术还可以应用于环境监测，既可宏观观测空气、土壤、植被和水质状况，为环境保护提供决策依据，也可以实时快速跟踪和监测突发环境污染事件的发生、发展，及时制订处理措施，减少污染造成的损失。

利用红外扫描仪还可以监测石油污染，全球每年排入海洋的石油及其制品高达1 000万吨，利用多光谱航片可对海面石油污染进行半定量分析，将彩色航片同步拍照与近红外片做的彩色密度分割图相比较，可以更精密地判断和解译信息，参照图片画出不同油膜厚度的大致分级图。通过彩色密度分割图像，特别是数字密度分割图，可以更准确地判断油量的分布情况。通过彩色密度分割可把相差零点零几毫米厚度的海面油膜区分出层次来，这有利于用航空遥感对海面油的扩散分布和半定量研究。浓度大的地方是黄色，往外扩散的油膜变薄，呈黄紫混在一起的颜色；再往外扩散的油膜就更薄些，呈紫色。通过对污染发生后各天的气象卫星图像的对比分析，确定油膜的漂移方向，计算出其扩散速度和扩散面积。图5－12为海洋污染遥感示意。

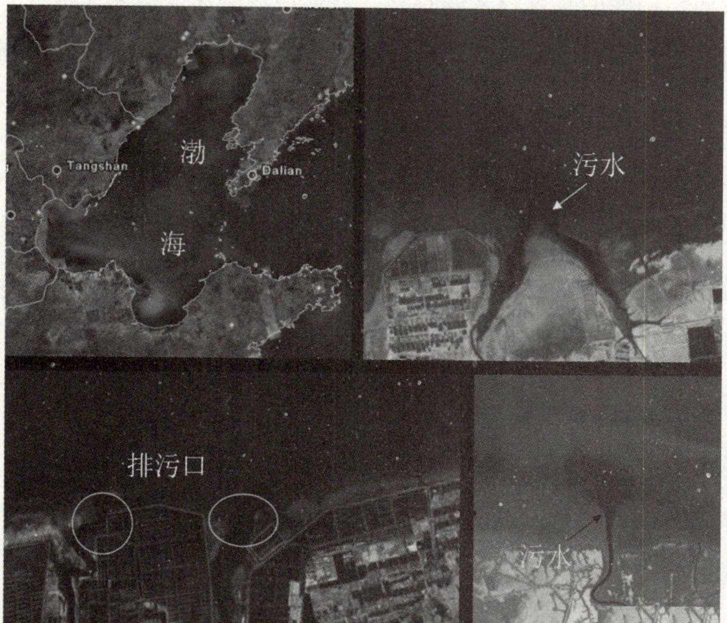

图5－12　海洋污染遥感示意

遥感技术对于暴雨、水土流失、地震和山体滑坡等地质灾害的调查与监测也很有效。地震与地球活动构造块体的分布及其活动方式密切相关，利用卫星预测地震技术主要集中在电磁波辐射和电离层异常监测、地表形变监测、红外辐射监测以及卫星重力监测等方面。

在遥感技术方面，目前形成的比较出色的四大遥感技术分别为激光遥感、成象雷达、红外图像、微光放大。遥感在军事应用中广泛应用于核武器布局、导弹发射、战场监视等方面，在民用事业上广泛应用于环境保护、农业应用、地质观测、森林防火、物流和人流监控、天体观测和气象预报等诸多领域。

总之，卫星遥感技术的迅速发展，把人类带入了立体化、多层次、多角度、全方位和全天候地对地观测的新时代。

5.4 遥测技术

在信息技术飞速发展的今天，尤其是伴随着射频技术、集成电路技术的快速发展，无线通信功能的实现越来越容易，数据传输的速度也越来越快。技术的发展使人们远距离对被观察对象的测量成为可能，遥测技术就是这样一种可以远距离测量的技术。

在宇宙探索中，遥测技术帮助人们了解太阳系遥远天体上的气温、大气构成和表面情况。在军事上，投放在敌方的遥测仪器能传回许多情报，取得导弹和飞机的飞行数据，收集核试验情况。在工业上，遥测技术使许多庞大的系统高效安全运行，如电力、输油、输气系统、城市自来水供应系统（图5－13）、煤气和供暖系统等。

遥测技术也用在医学上。医生可以对重病员的脉搏、呼吸、心电图、体温、血压等身体参数进行遥测，以便及时发现病情变化，采取急救措施。此时将传感器紧贴在病人的皮肤上，将微型编码器、调制器和发射机安放在病人的衣服口袋里。传感器探测出病人的生理参量并将其变换成电信号，经过编码、调制之后通过天线发送到医务值班室或者医疗中心。接收机接收到信号之后经过解调、译码后送到显示屏上，这样就可以清晰地显示出病人的生理变化情况，供医务人员实

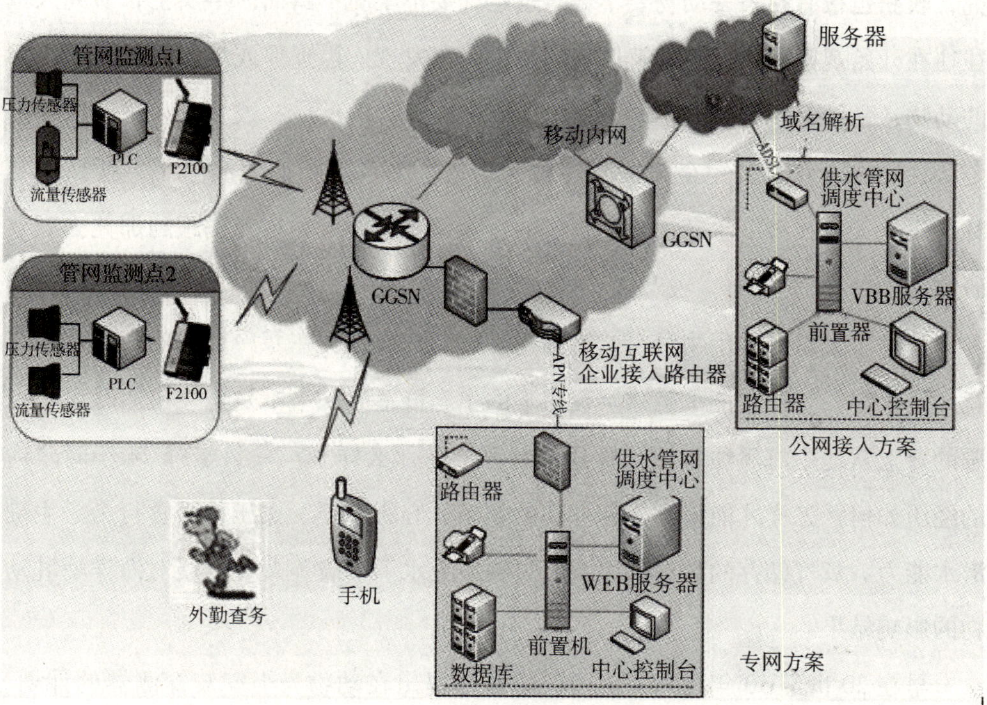

图 5－13　供水系统中的遥测技术

时了解病人的情况，对病人进行实时监护、诊断和会诊，同时可以通过记录器进行记录，供医务人员研究分析。

又比如，航天员在宇宙飞船发射加速升高的过程和宇宙飞船再入大气层向下降落的过程中，以及宇宙飞船进入太空轨道之后，宇航员的身体都要承受巨大的加速度。如果宇航员长期停留在太空中，还会在心理上产生孤独寂寞等感觉。为了保证宇航员在执行任务时心理和生理的健康，可以利用无线电遥测技术研究宇航员在超重和失重等情况下的生理反应，做好宇航员的保健管理工作。

在研究动物的生活习性时，遥测技术也是最有力的手段之一。给动物带上有传感器的发报机后，人们在实验室就可以研究野外动物的动态。20 世纪 70 年代末，研究人员发明了一种观察动物的新方法。在此之前，人类只能粗略地说明物种的分布和洄游行为。动物如何生活、猎食、交配，本身有何需求，都只能依靠猜测。当然，人们也对数千种动物进行过长期观察，但限于观察条件，几乎无法对动物的自然行为做出真实的推论；即使是在动物原来的生存空间里对其进行研究，收获也很有限——动物要不暂时逃走，要不干脆不露面。事实上，研究人员往往在开始观察动物之前，就被他的研究对象发现。黑猩猩或海豚之类胆子较大的动物，常针对观察者的不同，做出或攻击或好奇的反应，或卖弄风情，或摆出姿势，使得研究人员完全无法下客观的结论。一旦动物们表演够了，就钻进丛林、飞上天空或潜下水底，恢复真实的行为模式，而人类却无法跟到那儿去观察研究。

自达尔文以来，生物学家始终渴望了解海豹或鱼类在寒冷黑暗的南极水域究竟如何生存。怎样才能了解冰层覆盖下的生态群落？如果不是搭飞机而是坐在大雁的背上从地中海飞往非洲，看到的世界会是什么样子？一只蜜蜂 24 小时之内的经历如何？怎样才能得到翅膀挥动的频率、心跳节奏、血压、摄食行为、生理潜水能力、氧气储存的数据，以及船只噪声或水下爆破等人类发展对海洋哺乳动物的影响结果？

早在 20 世纪 50 年代末，美国科学家即提出在动物身上安装探测器的计划。不久，美国海军便拿受过训练的海豚做实验，结果却因机器太大、太重而宣告失败。背上的发射机原本是要提供与海豚自然行为相关的信息，如果仪器本身就影响了这一行为，那又有什么意义呢？

有段时间，大家只是在兜圈子，直到微电子学出现才进步神速。巧克力大小的发射机和超轻型摄像机，直接从野外传回一切数据——动物背着不足 15 克的高科技产品在热带森林里散步，或潜游在南极冰层底下，完全没有发现自己身上有异。

研究发展到极致，则是给昆虫安装仅 1 毫克重的微型发射机。发射机的能量来源为雷达波，能以双倍的频率传回信号，在 700 米开外就能清楚地接收到数据。

大部分的测量工作由卫星支持的遥测技术包办。这套系统既简单又了不起。动物身上发射机发出的信号被送进运行轨道，由卫星系统接收，再传回地面站。

随着工业的发展，城市的环境污染问题越来越严重，大气污染更是主要问题。大气污染指人类活动和自然过程造成某些物质进入大气，达到一定浓度，对人体产生了危害。遥测技术具有监测范围广、速度快、非接触，且便于进行长期的动态监测等优势，是传统方法不可比拟的。它不仅可以快速、实时、动态、省时省力地监测大范围的大气污染，也可以应用于突发性大气环境污染事件的监测，在一定的技术改装条件下，还可以应用于化学试剂的识别与定量。因此，大气污染的遥测技术已经成为大气污染监视的重要手段。

除此之外，遥测技术目前还被广泛应用于林业、农业、水利等诸多关乎国计民生的事务中。尤其随着航天技术和互联网技术的不断发展，遥测技术也不断向新的高度发展。

5.5 精确制导技术——三遥技术的结合

遥感、遥测、遥控技术（三遥技术）虽然有各自不同的发展背景及应用领域，但它们是相互关联的，它们相互结合而具有新的功能。一个典型的例子就是精确制导技术的发展。

20 世纪以来，科学技术的发展突飞猛进，由此带动了武器装备发展的巨大飞跃。特别是近 50 年来，世界武器库中出现了一类崭新的装备——精确制导武器（图 5－14）。它的精度远非传统武器所能比拟，已成为现代局部战争中的主要武器，而使用精确制导武器进行精确攻击是通过精确制导技术来实现的。

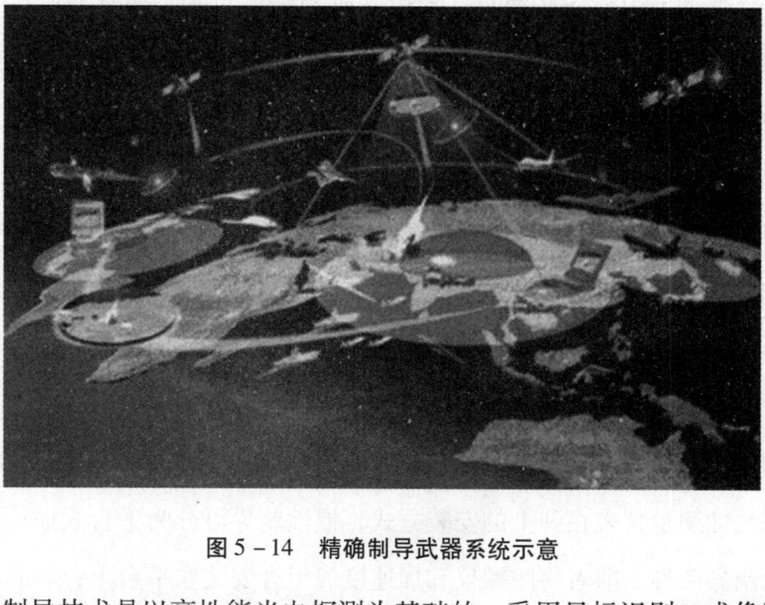

图 5－14　精确制导武器系统示意

精确制导技术是以高性能光电探测为基础的，采用目标识别、成像跟踪、相关跟踪等新方法，控制和导引武器准确地命中目标。

5.5.1 精确制导技术的分类

精确制导技术主要有寻的制导、遥控制导、惯性制导、地形匹配与景象匹配制导、全球定位系统（GPS）制导和复合制导。

（1）寻的制导

寻的制导又称“自动寻的”或“自动导引”。它是利用弹上导引装置接收目标辐射或反射的能量（无线电波、红外线、激光等）形成导引信号，控制导弹飞向目标的制导。

寻的制导的导引精度不受导弹飞行距离的影响，但制导的作用距离较近，且易受敌方干扰。它常用于短程导弹制导及中远程导弹的末制导。但是它的精度高，是实现精确打击的关键。武器能否击中目标主要由末制导的精度来决定。

（2）遥控制导

由弹外导引站发送指令或波束，弹上导引装置形成导引信号，控制导弹飞向目标的制导，叫遥控制导。

遥控设备由弹上导引装置和弹外导引站组成。导引站可以设在地面、舰船或飞机上，导弹上导引设备较简单。导引站时刻跟踪目标，随时测取目标运动参数，故常用于攻击活动目标。一般遥控作用距离较远，但导引精度随导弹飞行距离的增加而降低，而且易受干扰。属于遥控制导的有指令制导和波束制导等。

（3）惯性制导

利用惯性测量设备测量导弹运动参数的制导技术，叫惯性制导。惯性制导系统全部安装在弹上，主要包括陀螺仪、加速度表、制导计算机和控制系统。采用此类制导技术的中、远程导弹，一般用于攻击固定目标，因此制导程序和初始条件是预先输入弹载计算机的。导弹飞行过程中，计算机根据惯性测量装置测得的数据和初始条件给出制导指令，弹上控制系统根据指令导引导弹飞向目标。

根据惯性测量仪表在弹上的安装方式，惯性制导可分为平台式惯性制导和捷联式惯性制导两种。前者将陀螺仪和加速度表组合安装在平台上；后者将加速度表与陀螺仪组合直接安装在弹体上，利用计算机代替平台的作用，为加速度测量提供一个在空间稳定不变的测量基准，通过坐标变换给出制导指令，控制导弹飞行。捷联式惯性制导系统具有体积小、重量轻、成本低、可靠性高等优点，但要求弹载计算机的容量大、运算速度快、抗冲击振动性能好。苏联的 SS－12 导弹［射程 700～800 千米，命中散布半径（CEP）为 900 米］，采用捷联式惯性制导，美国的"民兵－Ⅲ"洲际导弹（图 5－15）则采用平台式惯性制导（射程 13 000 千米，CEP 值 450 米）。

图 5－15　美国的"民兵－Ⅲ"洲际导弹

（4）地形匹配与景象匹配制导

地形匹配与景象匹配制导是在导弹发射区与目标区之间选择若干特征明显的标志区，通过遥测、遥感手段按其地面坐标点标高数据绘制成数字地图（称为高程数字模型地图），预先存入弹载计算机内。导弹飞临这些地区时，弹载的雷达高度表和气压高度表测出地面相对高度和海拔高度数据，计算机将其同预存数字地图比较，算出修正弹道偏差的指令，弹上控制系统执行指令，控制导弹飞向目标。

绘制数字地图可采用不同手段，从而有雷达图像匹配制导、可见光电视图像匹配制导、激光雷达图像匹配制导和红外热成像匹配制导等方式。地形（图）匹配制导精度与射程无关，也不受气候条件影响。

景象匹配制导与地形匹配制导相似，是利用弹载“景象匹配区域相关器”获取目标区域景物图像数字地图（称为灰度数字模型或地图），将其与预存的参考图像（灰度数字地图）进行相关处理，从而确定导弹相对于目标的位置。数字式景象匹配区域相关器一般由成像传感器、图像处理装置、数字相关器和计算机等组成。景物图像的获得可由不同工作波长的设备完成，从而有雷达区域相关、微波辐射计区域相关、光学区域相关、电视摄像区域相关、红外成像区域相关等类型的数字地图。

地形匹配制导与惯性制导配合，可大大减小惯性制导的误差。例如，美国AGM-86B空射巡航导弹采用惯性+地形匹配复合制导，最大射程为2 500千米，命中精度CEP仅为30米。景象匹配区域相关末制导与惯性制导等配合，可用于提高远程导弹的末制导精度。

（5）全球定位系统（GPS）制导

美国为满足各军种导航需要，于1987年开始发展“导航星全球定位系统”，全称是NAVSTAR Global Positioning System，简称GPS。其中NAVSTAR又是Navigational System Using Time and Ranging（利用时间和测距进行导航的系统）一词的缩写，中文译为“导航星”；GPS即上述Global Positioning System三个英文词的首字母，中文译为“全球定位系统”。

GPS由空间设备、地面控制设备及用户设备三部分组成。空间设备由24颗导航卫星（其中21颗工作卫星，3颗备用卫星）构成；地面控制设备由5个地面监控站、3个上行数据发送站和1个主控站构成；用户设备为各种GPS接收机（导航接收机）。全部系统已于1993年完成并正式使用。最初研制目的是为海上舰船、空中飞机、地面车辆等提供全天候、连续、实时、高精度的三维位置、速度和精确的时间信息，现已扩展为精确制导武器复合制导的一种手段。其工作原理是利用弹上安装的GPS接收机接收4颗以上导航卫星播发的信号来修正导弹的飞行路线，提高制导精度。目前已报道的GPS空间位置精度为16米，时间精度为1微秒。出于保密考虑，美国现开通的GPS服务分为两个等级，即标准定位服务（SPS）和精密定位服务（PPS），只有后者才能实时获取精确的GPS数据。

精确制导武器利用 GPS 系统可以大大提高制导精度。例如，美国 BGM－109C “战斧”巡航导弹（图 5－16）已改装为“BlockⅢ”型，其主要改进是加装一个 GPS 接收机和天线系统，据说可使 CEP 值由 9 米降为 3 米。安装 GPS 接收机还可取消地形匹配制导，缩短制订攻击计划所需的时间，或攻击非预定目标。

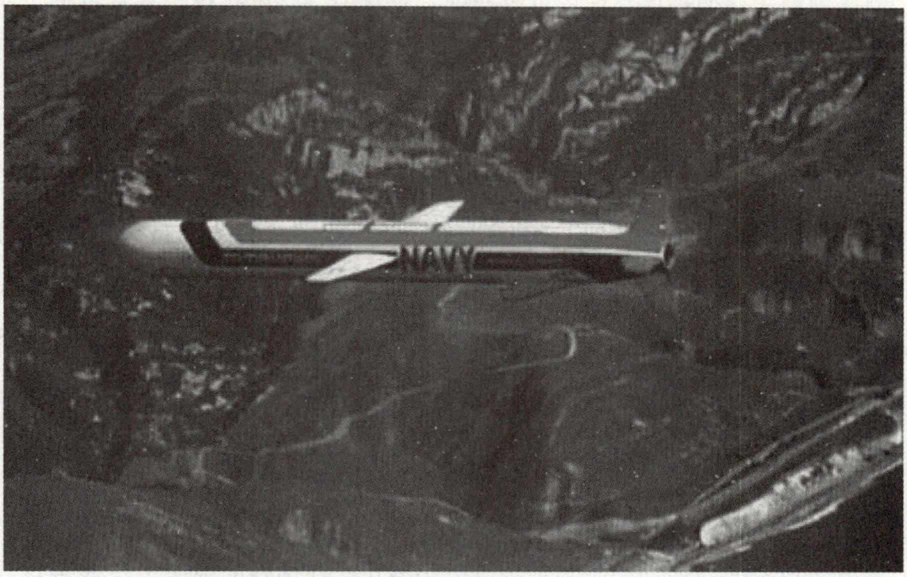

图 5－16 BGM－109C“战斧”巡航导弹

GPS 制导和惯性制导都属于导航制导方式。美国陆军战术导弹（ATACMS）、联合防区外发射武器（JSOW）、联合直接攻击弹药（JDAM）等都采用 GPS 复合制导系统。

5.5.2 精确制导技术的特点

精确制导技术在军事上的应用主要体现在精确制导武器上。精确制导武器是指直接命中概率超过 50% 的制导武器。直接命中的含义是指制导武器的圆概率误差（也叫圆形公算误差，表示符号为 CEP）小于该武器弹头的杀伤半径。精确制导武器的主要特点有：

（1）高精度

精确制导武器的直接命中概率是普通弹命中概率的几十甚至上百倍。“战斧”巡航导弹射程为 2 500 千米，精度却达 30 米；激光制导炸弹和制导炮弹的理论命中误差仅为1米。比如轰炸目标，第二次世界大战时期，B-17轰炸机投弹误差是1 000米左右；越南战争中，F-105D投弹误差为100米左右；海湾战争中，F-117投掷激光制导炸弹误差仅为1~2米。

（2）高效能

精确制导武器的价格交换比可以达到一比几十、一比几百，甚至更大。比如一枚“陶-2”型反坦克导弹的造价虽然达1万美元，但用它击毁1辆M-1型坦克的造价却为244万美元，其价格交换比达到了1:244。在马岛海战中，阿根廷用一枚价格20万美元的“飞鱼”导弹击沉造价为两亿美元的“谢菲尔德”号导弹驱逐舰，价格交换比达到1:1 000；英国的一枚“虎鱼”鱼雷（价值90万美元）击沉阿根廷“贝尔格拉诺将军”号巡洋舰（价值8 500万美元），价格交换比为1:95。海湾战争中，多国部队飞机发射71枚“麻雀”空空导弹击落伊拉克固定翼飞机24架，价格交换比为1:29；用22枚“响尾蛇”空空导弹击落伊拉克9架固定翼飞机，价格交换比为1:94。

（3）高技术

微电子技术的发展，使制导系统可以小型化，在炮弹的弹头上也能装自寻的系统；而计算机微型化，给在20世纪60年代基本快被淘汰的巡航导弹带来新的活力，使其精度达到30米。同时探测技术和高速信号处理技术也为制导精度和抗电子干扰提供了条件。

（4）射程远

可以把普通武器与精确制导武器的射程进行一下比较：普通的地面压制大中口径火炮射程一般为20~30千米，最远在40千米左右；而地地导弹的射程近的为几百千米，远的可达上万千米。比如苏制SS-18导弹，射程为12 000千米。普通的防空武器——高炮的有效射高通常为几千米至1万米左右；而“爱国者”、S-300等防空导弹，最大高度可达2.4万千米至2.7万千米。在第二次世界大战时，飞机进行空战，主要是使用航炮，它的有效射程仅为几百米至几千米。而现代战争中，飞机进行空战主要使用的武器是空空导弹，它的射程可以达到几千米、几十千米，甚至一二百千米。再比如用于打坦克的直瞄火炮，它的有效射程一般是2~3千米，而反坦克导弹最大射程可达10千米左右。

总之，精确制导技术在军事上的广泛应用，使精确制导武器成为了战场上的主角，改变了传统的战争模式，大大丰富了高科技信息化战争的内涵，成为取得战争胜利的最重要的手段。

目前，利用无线电信息传输对目标可见光图像的遥感技术，正向包括雷达合成图像在内的全频谱多遥感器技术发展；利用无线电传输技术进行自设目标（尤其动目标）信息提取的各种物理量判读的遥测技术，正向随机的各种空间物理量设目标或自然目标信息识别技术发展；利用无线电传输技术对目标行为和功能遥控，正向对机械人和中继操作装置等新型技术领域发展。三遥技术还在发展，发展到三位一体（图5－17），甚至发展到四位一体的综合网络系统，进而出现无线电远距离信息传输综合系统。如航天器的对接引导雷达，既是一部对接雷达又是一部通信设备。现代通信已离不开三遥技术，特别是在大容量、高传输率、多中继、多媒体和互操作等大网络的通信中，没有遥感、遥测和遥控系统，很难形成有效的通信能力。

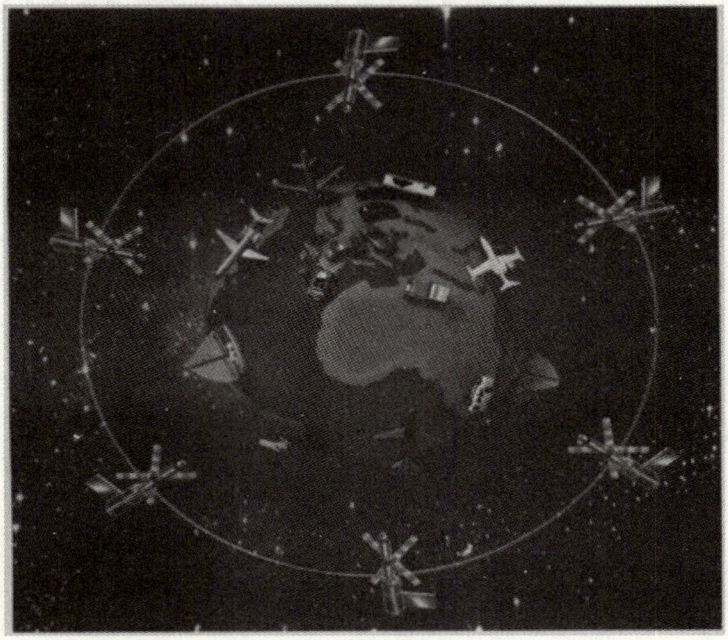

图5－17　三遥技术形成多位一体

三遥技术中新的概念不断出现，包罗的技术学科越来越多，涉及的应用领域越来越广，如遥控技术中出现的新概念就有远距离控制、远距离作业等。三遥技术包罗的技术学科中，间接的有很多，在此就不再一一叙述，直接的主要有计算机技术、微电子技术、生物工程、空间物理学、信息处理技术、传感技术、网络技术、信息传输技术、自适应技术等。可以说，当代高新技术都已经或都可以吸收到三遥技术中。

有句老话说“秀才不出门，全知天下事”，到了科技如此发达的今天，这句话也要做一下改变了，应该是“秀才不出门，能做天下事”。这就是现代科技给我们带来的力量。

随着微电子技术、传感器技术、航空航天技术和数据通信技术的不断发展，世界三遥技术面临着突飞猛进的发展，也在迎接着新的机遇和挑战。新的传感器将使三遥技术应用的领域进一步拓宽，监测精度不断提高，新的数据通信技术使科技人员的工作效率大大提高，各种综合使用遥感、遥测、遥控技术变成可能。多平台、多层面、多传感器、多时相、多光谱、多角度以及多空间分辨率的融合与复合应用，是未来三遥技术的重要发展方向。人们对三遥技术的重视程度也将进一步提高，三遥技术将得到更加广泛的应用。

6　高效办公——商务与办公自动化

随着信息技术的发展和国内信息技术应用水平的提高，在办公过程中，传统的工作方式和审批模式已经难以满足新的需求，实现办公自动化已经是提高政府机关和企事业单位办公效率、规范化管理的必然趋势。办公自动化（OA）系统是指利用计算机和信息技术，以及现代办公设备构成的处理系统，以辅助管理人员进行各种办公活动。机构、人员、设备、网络环境、办公信息等几个基本要素构成了常用的办公自动化系统。办公自动化已经发展成为一门新兴的学科，它涉及计算机与通信技术科学、管理与行为科学、系统工程与人机工程学等学科，是当今 IT 技术应用的一个非常活跃的领域。

6.1　办公自动化的概念

王总是一家集团公司的首席执行官（CEO），由于公司规模的不断扩大、人员不断增多，对人员出勤、请销假的管理越发困难了。后来根据人事部门的建议，王总果断将原有的普通打卡机升级为指纹考勤系统，并将考勤模块纳入到人力资源和绩效考核软件平台中去。这样，管理人员可通过计算机网络与软件就能很方便地知道各个员工的出勤情况，一切统计与计算都由计算机代为管理，大大降低了管理人员的工作量，提高了工作效率，原来复杂而枯燥的工作变得简单而轻松了。这就是办公自动化在现实中的生动案例。

办公自动化（OA），就是将现代化办公和计算机网络功能结合起来的一种新型办公方式，它通过计算机与互联网使办公活动物化于现代化办公设备中，由人与技术设备结合构成服务于某种办公目的的人—机信息处理系统。这种系统应用在行政机关中就是电子政务，而应用于企事业单位就是 OA，即办公自动化。办公自动化平台如图 6－1 所示。通过实现办公自动化可以优化管理组织结构、调整管理体制、提高办公效率、增加组织的协同能力、强化决策一致性，从而实现提高决策效能、提高企业运营水平的目的。

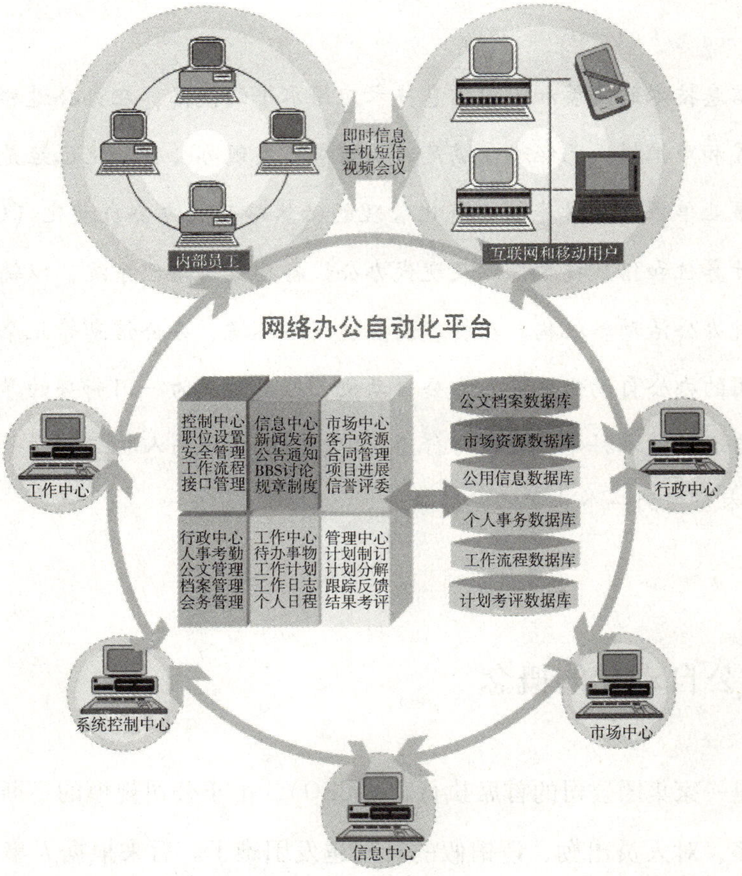

图 6－1　办公自动化平台

在行政机关、企事业单位工作中，利用互联网技术，采用一系列现代化的办公设备和先进的通信技术，广泛、全面、迅速地收集、整理、加工、存储和使用信息，使企业内部人员方便快捷地共享信息，高效地协同工作，改变过去复杂、低效的手工办公方式，为科学管理和决策服务，从而达到提高工作效率的目的。一个企业实现办公自动化的程度也是衡量其现代化管理水平的标准。

6.2 办公自动化软件的特点

作为信息科学最重要的载体，计算机在办公自动化中扮演了重要角色，但仅有计算机是不行的，还要有相应的办公应用软件。办公软件的作用就是使办公更加便捷方便，从而提高效率。办公软件具有五个特性，即易用性、健壮性、开放性、严密性、实用性。

6.2.1 易用性

管理“落地”必须面向全体员工，所以软件也必须能够被全体员工所接受，被全体员工所喜爱。如果没有全面的应用做基础，易用性不强，制度落地就只能是空谈。上网几乎人人都会，而任何 OA 软件都是需要培训的，所以就支撑 OA 的软件而言，走网页风格可能是最佳的选择。

6.2.2 健壮性

OA 必须具备超大用户、高并发应用的稳定性。支撑 OA 的软件也必须能保证全体员工应用的稳定性，尤其是针对集团型企业的 OA 软件。否则，一旦出问题，哪怕是小问题，都可能影响到现实的集团业务，从而造成不可估量的损失。坚持网络风格是最大限度提升软件健壮性的一种有效手段，因为决定应用并发数的并不是软件平台本身，而是硬件和网络速度。

6.2.3 开放性

OA 必须能够与其他软件系统完成必要的关联性整合应用。现实中，没有哪一套软件能够独立地完成所有方面的管理需求。支撑 OA 的软件必须具备全面而广泛的整合性，能够从其他软件系统中自动获取相关信息，并完成必要的关联性整合应用。OA 软件必须预留大量接口，为整合其他系统提供充分的技术保障。同时，整合应用不光涉及技术层面，还包括对管理现实业务的理解、整合实务技巧、整合项目等实际操作技能要求。

6.2.4 严密性

OA必须同时实现信息数据上大集中与小独立的和谐统一。企业，尤其是集团型企业，从OA现实需求来看，一方面必须有统一的信息平台，另一方面，又必须给各个子公司部门相对独立的信息空间。所以，软件不仅要实现“用户、角色和权限”上的三维管控，还必须同时实现信息数据上的大集中与小独立的和谐统一，也就是必须实现“用户、角色、权限+数据”的四维管控，具备全面的门户功能。

6.2.5 实用性

软件功能必须与管理实务紧密结合，否则“药不对症”，反而可能有副作用。OA还必须能适应企业管理发展的要求。一方面，企业需要软件尽最大可能地满足现有需求；另一方面，管理本身也是个不断发展的过程。所以企业又需要软件能够满足发展的需求。面对这个现实与发展间的矛盾，业界常见的有三种解决模式，即项目化、产品化和平台化。

6.3 办公自动化系统的设计

设计出一套好的OA系统远非增加几个特色功能这么简单，它需遵循如下几个设计原则。

6.3.1 可行性和适应性

可行性，是指OA应该能够满足组织办公的核心需要，满足其必须实现的主要功能，而不是超越当前的技术水平。

适应性，是指OA产品的实施条件适应组织当前的环境，超越环境的设计注定产生失败的产品。

6.3.2 前瞻性和实用性

OA系统的开发设计，既要考虑到最大限度地增加系统的价值，最大限度地符合各应用者的需求，充分考虑系统今后的扩展和延伸，实施过程应始终贯彻面向应用，围绕应用，依靠应用部门，注重实效的方针，同时又要兼顾到成本控制、项目周期控制等因素，因此在功能的部署上也需要遵循实用主义。

6.3.3 先进性和成熟性

先进的管理理念、技术和方法，可以提升企业的竞争力，延长系统的生命周期，但同时，任何创新都如小白兔实验，风险较大，因此又要注意软件系统、硬件设备、开发工具、软件产品是否成熟，在先进性和成熟性之间找到平衡点，成为价值最大化的关键。

6.3.4 开放性和标准性

OA系统的开放性和标准性，是指OA软件系统的底层应支持各个层次的多种协议，支持与业务系统的互通、互联，应用系统采用标准的数据交换方式，保证数据共享。在当前和未来，OA系统需要轻松地与各种操作系统、中间件、数据库、业务系统及工具软件进行平滑对接，当前OA的主流厂商都在这方面做了充分的考量。

6.3.5 可靠性和稳定性

OA系统里流转了大量的管理数据，因此必须是可靠的，一般的人为和外部的异常事件不应该引起系统的崩溃。当系统出现问题后应能在较短的时间内恢复，而且系统的数据是完整的，不会引起数据的不一致。

6.3.6 安全性和保密性

OA系统必须具有对信息的保护和隔离功能，因此系统应分别针对不同的应用、不同的网络通信环境和不同的存储设备，采取不同的措施，包括系统安全机制、数据存取的权限控制等，以确保系统的安全性。

6.3.7 可扩展性和易维护性

OA 系统要适应技术和社会的发展。为了适应未来的业务拓展和项目的功能扩展，必须充分考虑以最简便的方法、最低的投资，实现软件系统的扩展和维护扩展。因此，在 OA 系统的开发设计中，需要考虑到应用及系统不断扩展的要求，以形成一个易于管理、可持续发展的体系结构。未来业务的扩展只需在现有机制的基础上，增加新的应用与服务模块。一方面，当新的技术和产品出现进行升级时，系统能够平滑过渡而不影响用户的使用；另一方面，产品有新的功能增加时，可以通过插件和模块定制平台的方式，轻松实现业务的扩展。

在设备选择及网络方案上坚持开放性原则，使系统对各种硬件设备的互联互通；在软件上支持跨平台和开放数据接口，便于与其他系统软件互相集成，未来支持与业务系统、门户等系统的单点登录集成，在可获得相应系统的数据结构情况下，实现与这些系统的应用、门户、数据等各层面上无缝连接。利用系统提供的工具，方便用户自行进行客户化功能改造，方便用户自行定制界面数据项的显示；同时在网络或系统出现问题时能及时、快速地恢复系统的正常运行，保证系统的可恢复性，具有较高网络系统的抗干扰能力。

6.3.8 美观性和易用性

作为全员应用系统，易用性和用户体验是 OA 项目成败的关键要素。OA 产品应可以采用电脑、手机等各种方式登录，采用图形化编辑器等各种新技术做到易读、易理解、易操作，用户界面简洁、美观、友好，易为用户掌握、操作和使用；系统管理的使用及管理也以简便、易于操作、方便实用为准则。严格遵循易用性原则，实现从产品的部署、登录、使用、维护、升级、扩展的全方位易用；提供统一的访问地址，便于用户使用。在登录页为用户提供加入收藏、设为首页等操作，方便用户以后快速访问系统；具备风格一致的友好的用户界面，图形显示直观，工作流程从设计到使用全程图形化。

6.3.9 大并发能力支撑

作为集团化、多组织、大用户的单位，OA 软件系统的开发设计，应该支持应用和数据库等多重负载均衡能力，支持附件服务器和数据库服务器分离技术，从而支持数万用户同时在线和同时操作的能力，不会因为用户数的增长或者信息量的增长而导致系统响应能力下降。

6.4 办公自动化系统的常用设备

我们若要把办公室武装成为高效的办公场所，首先得配备以下办公用设备。

6.4.1 计算机

随着科技的发展，计算机大量进入办公室，并有大量文字处理、数据库处理软件问世，大大地促进了办公自动化的发展。

图6-2 计算机

微型计算机发明于1946 年，简称 PC 机。如今，PC 机已成为实现自动化的首要工具，是各种办公自动化设备中最为重要的设备。如图 6-2 所示，计算机硬件系统由主机、显示器、键盘、鼠标等组成。主机通常由主机板、软盘驱动器（软驱，现在多被淘汰）、硬盘驱动器、光盘驱动器，以及各种附属板卡如声卡、多功能卡、视卡、网络卡、解压卡等构成。主机板包括了计算机的主要电路，以及中央处理器（CPU）、内存储器等单元。主机板上最主要的部分是 CPU，亦称微处理器。CPU 的性能决定了整个微机的基本性能。

6.4.2 扫描仪

扫描仪是一种计算机外部仪器设备，是一种通过捕获图像并将其转换成计算机可以显示、编辑、存储和输出的数字化输入设备。其外形如图 6－3 所示。照片、文本页面、图纸、美术图画、照相底片、菲林软片，甚至纺织品、标牌面板、印制板样品等三维对象，都可作为扫描仪的扫描对象。扫描仪将原始的线条、图形、文字、照片、平面实物转换成可以编辑及加入文件中的文件。

图 6－3 扫描仪

6.4.3 打印/复印机

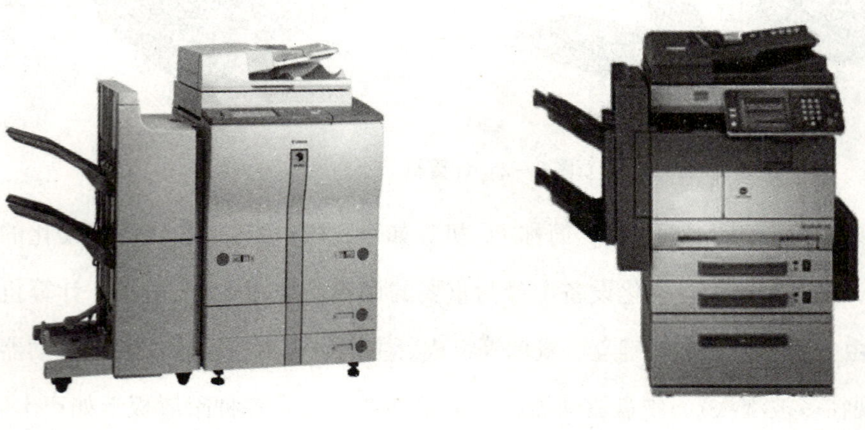

图 6－4 打印/复印机

打印/复印机是计算机的输出设备。复印机是从书写、绘制或印刷的原稿得到等倍、放大或缩小复印品的设备，其外形如图6-4所示。复印机复印的速度快，操作简便，无须经过其他制版等中间手段，能直接从原稿获得复印品。打印机是将计算机中要输出的信息，用能阅读的图形或符号打印在相关介质上。常用的有行式打印机、针式打印机、喷墨打印机、激光打印机等。

显示器、打印/复印机都是标准的信息输出设备。可擦写光盘、U盘、硬磁盘也可作为输出设备。输入设备中，磁卡阅读器也可作为输出设备，语音输出设备也是其中的一种。另外还有几种常见的输出设备，例如绘图仪、投影设备和可擦写光盘设备等。

6.4.4 局域网网络设备

办公自动化系统通常使用局域网技术，即LAN技术。LAN的性能特点是有较高的数据传输速率和较短的传输距离。一个LAN段的最大长度通常在数百米。各个LAN段之间，以及在通信协议的不同层次上，需要用各种联网设备把它们连接起来。而随着微电子技术和网络技术的不断进步，联网设备也正经历着一个迅速的演变过程。以下为一些主要的联网设备和有关技术的介绍。

（1）网络线路

网络线路常用双绞线和同轴电缆，也可使用光纤。双绞线连接简单易行，价格低廉，传输速率可达1兆位/秒。双绞线的缺点是抗干扰能力差，易受无线电、电动机等的干扰。目前一般办公楼内的局域网系统均采用双绞线。

（2）中继器

它的作用主要是放大和整形数据脉冲的信号波形，以解决经过较长距离传输后信号的衰减和失真问题。因此，在粗缆的以太网络中，最多只能使用四个中继器连接网络段，以避免过大的积累相位失真。由于中继器的功能较为简单，这一作用完全可以结合在较上层的联网设备，如网桥或路由器中实现，所以可以不单独使用中继器。

（3）网桥

当单个网络段上的节点过多，使通信变得拥挤时，要使用网桥把网络分段。

用网桥连接的两个或两个以上的网络在逻辑上是单个网络，只是在物理上把它们分成单独的段。使用同种协议的网络段互相连接的网桥，是最简单的情况，称为透明的网桥；变换协议的网桥可以用来连接使用不同通信协议的网络段，如连接以太网络和令牌环网络用的网桥；能变换数据帧的封装的网桥，能在帧的原有封装上加一层用于其他种通信协议的封装。这些功能一般由网桥内的软件完成。现代的网桥能够过滤信息，获悉有关网络段上设备的位置和实现初级的路由作用。这种网桥的路由算法和路由器所用的路由算法的差别在于使用它们的网络的复杂程度。网桥的路由算法用于平坦的网络，而路由器的路由算法用于有层次的网络，它允许路由器更有选择地引导通信。

（4）路由器

路由器是目前应用最为广泛的主要联网设备之一。它可以实现在网络间截获发送到远地网络段的报文，起转发的作用。可以选择合理路径，引导通信；路由器具有对数据包在发送源地进行分拆，到达目的地后再把分散的包装配成原有的形式。多协议的路由器具有连接使用不同通信协议的网络段的功能，可以搭建连接不同通信协议网络段的平台。路由器的主要任务首先是把通信引导到目的地网络，其次是到达特定的节点站地址。后一个功能是通过网络地址分解完成的。

例如，把网络地址分配指定成网络、子网和区域的一组节点，也可用来指明子网中的特别的站。分层寻址容许路由器能够对有很多个节点站的网络存储寻址信息。在广域网范围内的路由器按其转发报文的性能可以分为两种类型，即中间节点路由器和边界路由器。尽管在逐步改进的各种路由协议中，这两类路由器所使用的名称可能有很大的差别，但它们所起的作用是同样的。中间接点路由器在网络中传输时，提供报文的存储和转发。同时根据当前的路由器所保持的路由信息情况，选择最好的路径传送报文。

由多个互连的LAN组成的公司或企业网络一侧与外界广域网相连接的路由器，称为这个企业网络的边界路由器。它一方面从外部广域网收集向本企业网络寻址的信息，转发到企业网络中有关的网络段；另一方面集中企业网络中各个LAN段向外部广域网发送的报文，对相关的报文确定最好的传输路径。

（5）集线器

早期的 LAN 使用单个的共用接线，用它连接所有的节点站，在安装和使用上都不方便。为改进这一状况，集线器的设想就产生了。集线器实质上是多个端口的中继器。这样的集线器可以提供各个网络段之间的隔离，任何一个段出现故障，只影响和这个网络段相连接的计算机。从这个简单的情况开始，集线器已迅速演变成起集中作用的联网设备。例如，各种具有智能作用的集线器、起交换作用的集线器等。集线器甚至可以具有较高层次的网络功能，如路由器的功能。此外，它也可以具备网络管理功能。集线器功能的多样化和灵活性源自它模块化的构造。实际上智能集线器就是一台具有 CPU 和总线结构的专用计算机。它有三个基本的组成部分，即基座、底板和卡插件。基座提供多个可插卡的槽和集成化的电源供给、指示面板等；底板包括 CPU 处理和混合传输各种信息的总线，它允许信息通过网络边界自由地流动和分配，它的演变和发展趋势是提供功能更强的软件、更高度的智能化和更高速率的交换，并且成为更重要的联网组成部分；卡插件的类型体现了集线器的个性，不同的卡能够支持不同类型、不同协议的 LAN 和介质，起网络适配器的作用。集线器的另一个重要特性是它改变网络拓扑的能力，集线器的逻辑拓扑和实际网络的逻辑拓扑是不相同的。还可以由管理人员用软件方法在不变动电缆接线的情况下改变网络的布置，例如加进或者删除某个节点设备。在集线器上做出的集中化管理，允许在某个位置（控制显示台节点）上诊断测定网络的故障，能够控制和各个 LAN 段或者 WAN 相连接的每台设备。

6.5 办公自动化的常用软件

6.5.1 系统软件 Microsoft-Windows

Microsoft Windows 是 Microsoft 公司从 20 世纪 80 年代开始开发的图形界面操作系统。Windows 操作系统实际上是各种各样的图形界面，由鼠标来对图形标点触发事件。即采用图形事件驱动的方式运行原来 DOS 的功能，并可将各种各样的应用程序编成 Windows 版本，以图形触发方式在 Windows 环境下运行。Windows 还带来许多新的功能，主要是标准窗口化，可同时运行多个窗口，可在程序之间实现信息传输，有较完善的帮助功能。Windows 配备了许多 Windows 环境下的基本程序，例如 Word、记事本、Write、时钟、卡片盒等。Windows 产品已成系列，Microsoft 在 Windows 3.1 后继续开发了著名的 Windows 95，从 Windows 95 开始，Windows 实质上已脱离了 DOS，成为新的一类图形界面操作系统，带来了许多新的风格和应用，目前已经发展到了最新的 Windows 8 操作系统。

Windows 环境的主要应用：

1）文字处理：书写器（Write）。

2）文字处理软件：Word 软件。

3）画图程序：画笔 Paint brush。

4）电子表格：Excel 软件。

5）实用程序：记录本，卡片盒，日历，计算器，时钟，多媒体播放，终端仿真，游戏。

6）系统程序：文件管理，Windows 设置，控制面板，打印管理，查看剪贴板，码表生成器，造字。

7）工具：反病毒，备份，恢复。

8）基本上包含了 DOS 环境的各种应用。其中 Word、Excel、画笔等对办公自动化非常有用。另外，Windows 系统本身也提供了 Windows 环境下的开发工具，例如 Visual Basic、Visual C + + 、Visual Foxpro 等语言。同时，开发了 Windows 环境下的数据库系统，如 Access、SQL Server 等。

6.5.2 主要应用软件

Office（全称为 Microsoft Office）是一套由微软公司开发的系列办公软件。与办公应用程序一样，它包括联合的服务器和基于互联网的服务。在 Office 套件中的 Word 用于打字、文档处理；Excel 用于表格处理，可以用来做表，如学生成绩表，它可以实现表格中的数据的排序等；Access 是小型数据库软件，可以记录公司的一些办公程序数据文档，如图书馆管理系统，就需要数据库；Powerpoint 是幻灯片制作软件，如开会、产品展示、新品发布时在人们面前展示的幻灯片等用途。

Adobe Creative Suite 软件是 Adobe 公司出品的一个图形设计、影像编辑与网络开发的软件产品套装。该套装包括图像处理软件 AdobePhotoshop、矢量图形编辑软件 Adobe Illustrator、音频编辑软件 Adobe Audition、文档创作软件 Adobe Acrobat、网页编辑软件 Adobe Dream Weaver、二维矢量动画创作软件 Adobe Flash、视频特效编辑软件 Adobe After Effects、视频剪辑软件 Adobe Premiere Pro 与 Web 环境 Air 等。

6.6 互联网时代的办公与云计算

随着云计算与大数据时代的降临，随身携带的智能计算设备让我们更加快速地融入了一场互联网商务办公革命之中。

6.6.1 云计算的特征

小张是一家公司的业务人员，他的手机中存储了大量的客户联系方式和其他资料。在某次出差中小张将自己的手机遗失，但又急需与一名重要客户取得联系，小张便在当地购买了一部与自己遗失的手机同款的手机，通过以前在“云端”的备份迅速恢复了遗失手机中的资料，及时与客户取得了联系，避免了公司的重大损失，这就是“云计算”在现实生活中的具体应用。

云计算中的“云”是网络、互联网的一种比喻说法。云计算是分布式计算、并行计算、效用计算、网络存储、虚拟化、负载均衡等传统计算机和网络技术发展融合的产物，它意味着计算能力也可作为一种商品通过互联网进行流通。狭义的云计算是指 IT 基础设施的交付和使用模式，即通过网络以按需、易扩展的方式获得所需资源；广义的云计算是指服务的交付和使用模式，即通过网络以按需、易扩展的方式获得所需服务。这种服务可以是 IT 和软件、互联网等相关的，也可以是其他服务。

云计算具有以下几个主要特征。

（1）资源配置动态化

资源配置动态化是根据消费者的需求动态划分或释放不同的物理和虚拟资源，当增加一个需求时，可通过增加可用的资源进行匹配，实现资源的快速弹性提供；如果用户不再使用这部分资源时，可释放这些资源。云计算为客户提供的这种能力是无限的，实现了 IT 资源利用的可扩展性。

2）需求服务自助化

云计算为客户提供自助化的资源服务，用户无须同提供商交互就可自动得到自助的计算资源能力。同时云系统为客户提供一定的应用服务目录，客户可采用自助方式选择满足自身需求的服务项目和内容。

（3）网络访问便捷化

客户可借助不同的终端设备，通过标准的应用实现对网络访问的可用能力，使对网络的访问无处不在。

（4）服务可计量化

服务可计量化是指在提供云服务过程中，针对客户不同的服务类型，通过计量的方法来自动控制和优化资源配置。即资源的使用可被监测和控制，是一种即付即用的服务模式。

（5）资源的虚拟化

资源的虚拟化借助于虚拟化技术，将分布在不同地区的计算资源进行整合，实现基础设施资源的共享。

6.6.2 办公自动化对云计算的关注

（1）政府在云计算产业链中的地位

政府不仅是云计算的重要应用主体，更是重要的市场规则制定者、产业运营监督者和产业发展推动者。对政府用户而言，云计算能够帮助其实现管理创新和服务型政府的转型。

政府的推动可以促进云计算产业跨越式的发展。例如，各地政府结合当地产业规划，积极建立云计算产业发展与创新基地，通过资金支持大力培育云计算技术服务厂商，建立面向城市管理、产业发展、电子政务、中小企业服务等领域的云计算示范平台，推动 IT 厂商向云计算服务商转型，并引导云计算技术和服务厂商向产业基地集聚，组建云计算产业联盟，形成合力参与全球云计算产业竞争。在云计算产业发展中，政府用户关注的核心聚焦在数据安全、云计算的标准建设及产业生态系统打造等方面。

（2）企业用户能利用云计算做些什么

企业能够利用云计算整合其现有的数据中心，实现对已有IT资源的充分利用，提高信息系统的效率和性能，加强经营决策的实时性。各类面向行业的云服务能够为企业发展提供重要支撑，使企业（特别是中小企业）加快研发进程，缩短产品投入市场的时间。因此，企业在部署云计算服务时，更注重云的安全性、云服务提供商的运营经验及现有的成功案例等。

随着云计算的不断发展，可供企业选择的云服务越来越多，云的可移植性、数据集成、迁移成本等也将成为企业用户关注的核心问题。

（3）云计算将给消费者带来哪些帮助

尽管有的个人用户并不清楚或者不关心云计算的概念，事实上已经有相当多的用户已经是云计算的使用者了。多年来，消费者事实上一直都在慢慢向云计算环境靠拢，如电子邮件（如微软的Hotmail、Google的Gmail）、在线办公软件（如文字处理、电子表格）、网络硬盘、即时通信（如MSN、QQ）等。

由于消费习惯的原因，中国的消费者在选购产品时，往往货比三家，注重产品的口碑，在做出购买的决策时，往往表现出一定的从众倾向，对那些市场占有率高的品牌更加偏爱。因此，消费者在选购云服务时，对云提供商的口碑、用户数量和一致性体验表现出了特别的关注，其次才是云服务的可用性及数据隐私性，最后才考虑价格的因素。

6.6.3 云计算应用市场分析

云计算在中国主要行业应用还仅仅是“冰山一角”，但随着本土化云计算技术产品、解决方案的不断成熟，以及云计算理念的迅速推广普及，云计算必将成为未来中国重要行业领域的主流IT应用模式，为重点行业用户的信息化建设与IT运维管理工作奠定核心基础。

（1）医药医疗领域

医药企业与医疗单位一直是国内信息化水平较高的行业用户，在“新医改”政策推动下，医药企业与医疗单位将对自身信息化体系进行优化升级，以适应医改业务的调整要求。在此影响下，以“云信息平台”为核心的信息化集中应用模式将孕育而生，逐步取代各系统分散为主体的应用模式，进而提高医药企业的内部信息共享能力与医疗信息公共平台的整体服务能力。

（2）制造领域

随着“后金融危机时代”的到来，制造企业的竞争将日趋激烈，企业在不断进行产品创新、管理改进的同时，也在大力开展内部供应链优化与外部供应链整合工作，进而降低运营成本、缩短产品研发生产周期。未来云计算将在制造企业供应链信息化建设方面得到广泛应用，特别是通过对各类业务系统的有机整合，形成企业云供应链信息平台，加速企业内部“研发—采购—生产—库存—销售”信息一体化进程，进而提升制造企业的竞争实力。

（3）金融与能源领域

金融、能源企业一直是国内信息化建设的“领军性”行业用户，中国石油化工集团公司、中国人民保险（集团）公司、中国农业银行等行业内企业的信息化建设已经进入“IT资源整合集成”阶段。在此期间，需要利用云计算模式对各类服务器基础设施应用进行集成，形成能够高度复用与统一管理的IT资源池，对外提供统一的硬件资源服务，同时在信息系统整合方面，需要建立系统整合平台实现各异构系统间的互联互通。因此，云计算模式将成为金融、能源等大型企业信息化整合的“关键武器”。

（4）电子政务领域

未来，云计算将助力中国各级政府机构“公共服务平台”建设，各级政府机构正在积极开展“公共服务平台”的建设，努力打造“公共服务型政府”的形象。在此期间，需要通过云计算技术来构建高效运营的技术平台，其中包括利用虚拟化技术建立公共平台服务器集群、构建公共服务系统等方面，进而实现公共服务平台内部可靠、稳定的运行，提高平台不间断服务能力。

（5）教育科研领域

未来，云计算将为高校与科研单位提供实效化的研发平台。云计算应用已经在诸多科研单位和大专院校中得到了初步应用，并取得了很好的应用效果。云计算将在我国高校与科研领域得到广泛的应用普及，各大高校将根据自身的研究领域与技术需求建立云计算平台，并对原来各下属研究所的服务器与存储资源加以有机整合，提供高效可复用的云计算平台，为科研与教学工作提供强大的计算机资源，进而大大提高研发工作效率。

（6）电信领域

在国外，法国电信运营商 Orange、英国移动运营商 O2 等大型电信企业除了向社会公众提供互联网接入服务（ISP）外，同时也作为云计算服务商，向不同行业用户提供互联网数据中心（IDC）设备租赁、软件运营（SAAS）产品应用服务，通过这些电信企业创新性的产品增值服务，也有力地推动了国外公有云的快速发展、增长。因此，在未来，国内电信企业将成为云计算产业的主要受益者之一，从提供的各类付费性云服务产品中得到丰厚收入，实现电信企业利润增长，通过对不同国内行业用户需求分析与云产品的服务研发、实施，打造自主品牌的云服务体系。

办公自动化的目的，是应用电子信息技术，提供先进的办公信息处理手段，最大限度地提高办公效率和办公质量，改善办公环境和条件，提高办公管理和决策自动化及科学化水平。办公自动化系统的发展过程与数据、信息和知识的演变同步。办公自动化在其发展阶段中完成了两个飞跃，分别是由数据处理向信息处理的飞跃和由信息处理向知识处理的飞跃。实施办公自动化系统，实现行政管理信息网络化势在必行，对企业和职能部门的信息引导、办事效率的提高，以及提高我国在国际上的竞争实力和与国际接轨，起到积极作用和重要影响。同时，将办公自动化系统应用于企业中，针对企业发展所需要的“办公数字化”和“办公协同化”，设计符合企业使用的先进办公自动化系统，将是办公自动化系统继续发展前进的方向。

7 科技起居——智能生活

现在，我们的生活已经进入了信息化时代，很多东西都被贴上了“自动化”的标签。从当今产品的各种细节，都能感受到自动化控制给人们带来的便利。自动化控制化如今已经不是什么高高在上的科技名词，而是与普通民众的日常生活息息相关的技术。

自动化的应用存在于我们生活的每一个角落，自动化无处不在。本章从智能建筑、智能交通和智能家电三个方面详细描述了科技对人们生活方式的改变。简单来说，智能建筑就是用最新发展的各种信息通信设备、具备更自动化的高度综合性管理功能的高效率、高功能与舒适性建筑物。智能交通指通过技术开发，使交通系统实现智能化，从而可以极大地提高交通的安全性、系统的工作效率、环境质量以及能源的利用率。智能家居在为生活提供便利的同时，也能创造各种各样的美感，提高生活品味。通过计算机的辅助控制，现代的智能家居系统已经可以将照明、安防、消防等日常生活所需保障功能完美统一控制。

7.1 智能建筑

7.1.1 智能建筑的识别

当今科学技术发展的主要标志是4C 技术，即 Computer（计算机技术）、Control（控制技术）、Communication（通信技术）、CRT（图形显示技术）。将 4C 技术应用到建筑物之中，即针对建筑物的 4 个基本要素（结构、系统、服务和管理），以及它们之间的内在联系，在建筑物内建立一个综合网络，使建筑物智能化，从而提供一个特别的环境空间，幽雅舒适、便利快捷而且高度安全。

1984年1月，第一幢智能大厦“都市大厦”在美国哈特福德（Hartford）市建成。20世纪80年代后期，智能建筑开始引入国内。图7－1为一智能大厦外形。1995年，中国工程建筑标准化协会通信工程委员会发布了《建筑与建筑群综合布线系统工程设计师规范》，并指出，主要使用智能化和数字化作为设计依据。智能化标准更偏重于强调智能化系统设计与建筑结构的配合和协调，如综合布线系统（GCS，PDS）、安保系统（SAS）、建筑设备管理系统（BAS）、火灾报警系统（FAS）等。数字化标准则侧重于数字信息：楼宇物业与设施管理、一卡通综合服务、业务管理系统的信息共享、网络融合、功能协同，如综合信息集成系统（ibms. net）、楼宇物业与设施管理系统（IPMS）、楼宇管理系统（BMS）、综合安防管理系统（SMS）、“一卡通”管理系统（ICMS）等。

图7－1 某智能大厦外形

7.1.2 智能建筑的组成

在国内，建筑智能化结构主要是由三大系统组成的，即楼宇自动化系统

（BAS）、办公自动化系统（OAS）和通信自动化系统（CAS）。

（1）楼宇自动化系统

楼宇自动化系统对各系统设备进行集中监控和管理，这种最优化的控制手段，能够使各子系统设备始终处于有条不紊的运行状态。这个系统能够创造出一个高效、舒适、安全的工作环境，并可以降低各系统的造价，尽量节省能耗和日常管理费用，在保证系统充分运行的条件下，仍能进行现代化的管理和服务，使投资能得到一个良好的回报。

楼宇自动化系统涉及建筑的电力、照明、空调、通风、给排水、防灾、安全防范、车库管理等设备与系统，是智能建筑中涉及面最多、设计任务和工程施工量最大的子系统。它的设计水平和工程建设质量，对智能建筑功能最终的实现有着直接的影响。

（2）办公自动化系统

办公自动化系统是利用技术的手段提高办公效率，进而实现办公自动化的系统。它采用 Internet/Intranet 技术，使企业内部人员方便快捷地共享信息，高效协同工作；改变过去复杂、低效的手工办公方式，实现迅速、全方位的信息采集、信息处理，为企业的管理和决策提供科学的依据。

（3）通信自动化系统

智能建筑内的信息通信系统是很重要的，它能保证建筑物内语音、数据、图像的传输，同时还要与外部通信网（如电话公网、数据网、计算机网、卫星以及广电网）相连，与世界各地互通信息。智能建筑中的通信系统目前主要由两大系统组成，即程控数字用户交换机和有线电视网（CATV）。程控数字用户交换机是由电信系统发展而来的，而有线电视网则是广电系统方面发展至今的。今后随着4C 技术的发展，未来智能建筑的通信自动化有可能实现系统统一。

通信网络系统的设计应满足办公自动化系统的要求，并能逐渐适应电信部门的通信网向数字化、智能化、综合化、宽带化及个人化发展的趋势。公共网络要同时对用户提供接入服务和综合业务服务，并向使用者提供快捷、有效、安全及可靠的信息通信服务，包括发送及接收语言文本、图形、图像及计算机数据等。客户可自行定义服务通信方式，调整通信服务功能。

7.1.3　未来智能建筑的发展

随着我国计算机网络技术、现代控制技术、智能卡技术、可视化技术、无线局域网技术、数据卫星通信技术等高科技技术水平的不断提升，智能建筑在未来将会作为现代建筑甚至未来建筑的一个发展方向，不断吸收并采用新的可靠性技术，不断实现设计和技术上的突破，为传统的建筑概念赋予新的内容和功能。

目前世界各国研发的智能建筑普遍具有先进性、开放性、可靠性、模块化、网络化、实用化及可持续升级发展等主要特点。而在我国，智能建筑目前主要凸显的是它的节能环保性、实用性、先进性及可持续升级发展等特点。和其他国家的智能建筑相比，我国更加注重智能建筑的节能减排，更加追求的是智能建筑的高效和低碳。

自20世纪70年代能源危机爆发以来，发达国家单位面积的建筑能耗已有大幅度的降低。创造健康、舒适、方便的生活环境是人类的共同愿望，也是建筑节能的基础和目标。在我们的憧憬中，21世纪的智能型节能建筑应该是冬暖夏凉；通风良好；光照充足，尽量采用自然光、天然采光与人工照明相结合；采取智能控制，采暖、通风、空调、照明、家电等均可由计算机自动控制，可以按预定程序集中管理，也可以局部手工控制，既能满足人们不同的需要，又可以节约资源。

7.2　智能交通

智能交通是一个建立在现代电子信息技术基础上，面向交通运输的服务系统。它将先进的信息技术、通信技术、传感技术、控制技术及计算机技术等有效地集成，并运用于整个交通运输管理体系，从而建立起一种庞大的，全方位的，实时、准确、高效的综合运输和管理系统。如我们熟知的高速公路路段即时显示牌、道路监控、信号灯自动转换等，都属于智能交通的一部分。图7－2为智能交通系统示意。

智能交通系统的作用是以信息的收集、处理、发布、交换、分析、利用为

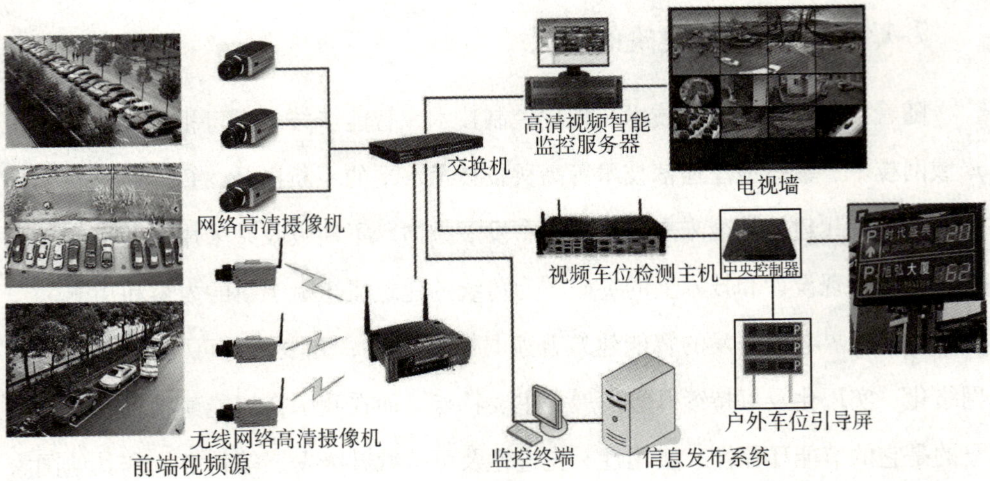

图 7－2　智能交通系统

主，为交通参与者提供多样化的服务。在该系统中，车辆可以依靠“智能驾驶”在道路上自由行驶，公路则可以依靠“智能调控”将交通流量调整至最佳状态。有了这个系统，管理人员将对道路、车辆的行踪掌握得一清二楚。

智能交通技术于 20 世纪 80 年代起源于美国，随后在世界各地传播发展开来。我国交通最大的问题是人口多，而且交通流的构成也很复杂，即除了庞大的机动车流、行人流、自行车流外，还有越来越多的助力自行车、三轮车等其他交通方式。

从城市的结构看，我国城市化进程也与国外很不一样，主要体现在城市结构和道路网络的不同。与纽约、伦敦等成熟的国际化都市相比，我国城市中心区的功能高度集中，近千万人集中在面积狭小的市中心生活、工作，交通压力也在这一区域内高度集中。

因此，智能交通体系的建设在中国势在必行。同时，交通安全也是困扰当今国际交通领域的重大难题。据研究数据显示，采用智能交通技术管理道路后，每年仅因交通事故死亡的人数就可减少 30% 以上，并能提高交通工具的使用效率 50% 以上。为此，世界各发达国家都投入了大量资金和人力，进行大规模的智能交通技术研究试验。

7.2.1 智能交通系统的特点

智能交通系统具有以下两个特点：一是交通信息的广泛应用与服务，二是提高现有交通设施的运行效率。

与一般技术系统相比，智能交通系统（ITS）建设过程中的整体性要求更加严格，这种整体性体现在：

1）跨行业特点。ITS建设涉及众多行业领域，是复杂巨型的社会系统工程，也相应造成一些复杂的行业间协调问题。

2）跨技术领域特点。ITS综合了交通工程、信息工程、通信技术、控制工程、计算机技术等众多科学领域，需要不同专业的技术人员共同协作。

3）政府、企业、科研单位及高等院校共同参与，恰当的角色定位和各司其职，是系统有效展开的重要前提条件。

4）智能交通系统将主要由移动通信、宽带网、射频识别（RFID）、传感器、云计算等新一代信息技术来支撑，更符合人的应用需求，可信任程度提高并变得“无处不在”。

5）智能交通系统是将先进的信息技术、数据通信传输技术、电子传感技术、控制技术及计算机技术等有效地集成，并运用于整个交通管理系统而建立的一种综合交通运输管理系统。它可以实时、准确、高效地在大范围内全方位发挥作用。

7.2.2 道路智能化养护

智能化公路养护是未来公路养护和路政管理的新方向，也成为智能化交通的重要组成部分。一位业界从事智能交通系统研究的人员表示：“实质上，交通就是要用资源来换时间，而空间是有限的，高架桥即使修两层、三层，总是有比较大的限制，在这种情况下，如何通过信息化手段更好地利用现有的基础设施很关键。”道路养护作为智能化交通管理的重要部分，也将极大提高道路服务出行的效率。作为一种先进的、可做出预见性决策意见的系统，管理者只要轻点鼠标，电脑屏幕上就会显示出道路的详细档案及道路基本的“健康”状况等信息。同时，检测设备会告知我们，哪一条道路该修了，怎么修才合理。该系统工作的基本程序是：将道路各方面的基础信息采集完毕后，输入适用的模型中，通过计算，能对道路养护做出如“立即开始养护”或“三个月后养护”等专业的决策性意见。

道路养护部门表示，根据这种“预防警报”做出的养护会比道路破损后再去养护节省大量的人力财力，还能延长道路使用寿命，减少因为道路养护造成的交通压力。据保守估计，与现在的“即破即修”模式相比，至少节约80%的资金。

目前，较为普遍的道路养护方式是：哪条道路坏了、破损裂缝了，养护部门就对其进行养护。但实际上，道路的破损并不是突发性的，而是早就隐藏着破损的潜在因素。但是长期以来，我们都没有采用科学先进的手段去“防患于未然”，不仅浪费了工时和材料，造成道路养护的滞后，还使得养护过程变得被动，从而影响到城市道路的正常运营。有了智能化的道路养护系统，可以做出决策意见和费用参考，养护部门就能在道路破损前获得信息，提前维护，从而提高好路率，降低维护费用。

7.2.3 智能交通平台的发展

全国智能交通系统咨询委员会指出，“十一五”期间，中国智能交通将以实际应用和服务出行者为重点，进行智能交通系统的基础研究、产品开发和工程项目建设，为综合交通系统的形成提供条件。

由于目前城市道路巨大的交通压力，对道路使用效率要求的不断提高，这一情况在北京这样的特大型城市中，表现尤为明显。

在北京，利用承办奥运会的机会，智能交通正在逐渐显出雏形。整个智能交通体系包括6个方面的内容：交通综合信息平台与服务系统，客运枢纽站运营调度管理与乘客信息服务系统，公共电汽车区域运营组织与调度系统，快速救援和抢修系统，出租车智能指挥调度系统，高速公路不停车收费（ETC）系统。

其中，北京昌平试点属于“交通综合信息平台与服务系统”中的对内部分，就是说用户为“交通管理者”，系统生成的数据作为交通管理和决策的依据。其最主要的作用在于：使路网协调并进行优化控制；均衡交通流量；合理安排养护内容与时间；有效预防交通拥堵。在“昌平试点”的试行过程中，提高控制调节交通流量的能力，保证城市主干道的高效运行与畅通。图 7－2 是北京某立交桥示意。

图 7－2　北京某立交桥示意

就整个北京交通的发展状况而言，智能交通已经必不可少。经过几十年的建设和完善，北京道路网形成了环形加放射式的形式。但城市人口密度长期维持在每平方千米 2.7 万人左右，人口集聚进一步加剧，人口流动量大，交通环境复杂，这些综合因素决定了交通出行信息服务成为必需。智能交通体系建设成为北京交通可持续发展的必由之路。

在北京市已颁布的《北京交通发展纲要》中，把 2010 年初步实现智能化交通管理作为近期目标，并将建立“新北京交通体系”，以智能交通系统为技术支持，作为北京城市交通发展的长远目标。北京经过多年发展，在交通智能化水平方面取得了显著的成就，一个“新北京交通体系”正在形成中。以后，不仅北京的交通会更加畅通快捷，也将对各个区域的和谐经济发展，以及良好的空气质量提供了保证。“智能交通发展到如今，已经可以让我们了解到道路的拥堵情况，并且已经开始提供一部分智能化的服务。至于怎么让智能交通更大地发挥作用，还要一步一步地来。”这也是交通发展中理论和实践相结合的过程。从事系统开发的人也认为，要成功地运用一个系统，不是仅仅花钱买一个软件就完了，关键是要了解系统的组织架构和运作，这样才能够成功。另外，有关部门的支持、系统开发的阶段性、相应的培训、系统的维护等工作同样十分重要。可见，作为一种高科技手段，智能交通要想在中国发挥巨大作用，不仅是技术问题，还需政策法规的保障、老百姓普遍的意识提高等大环境的改变。目前，智能交通建设已经取得相当瞩目的成绩，继续坚持发展、加大投入、扩大宣传，我国的智能交通水平一定会迈上一个新台阶。

7.3 智能家电

智能家电（图 7 – 3）就是微型处理器和计算机技术引入家电设备后形成的家电产品，是具有自动监测故障、自动测量、自动控制、自动调节与远程控制中心通信功能的家电设备，也是智能生活的一部分。

随着嵌入式处理器的降价，智能家电的迅猛发展成了一种必然趋势，带来的智能家居生活更为便捷。其原因是随着网络技术、通信技术的成熟和广泛应用，信息化程度逐渐达到了支持智能家电产业大规模发展的水平，网络入户的互联网基础设施和技术条件为智能家电的发展做了必要的准备，同时用户对高水平家电的需求也日益增高。

目前，无论是新型家电还是传统家电，其整体技术都在不断提高。家电的进步，关键在于采用了先进的控制技术，从而使家用电器从一种机械式用具变成一种具有智能的设备。智能家电则体现了家用电器最新的技术面貌。智能家电产品分为两类：一是采用电子、机械方面的先进技术和设备；二是模拟熟练操作者的行为进行推理和控制。随着智能控制技术的发展，各种智能家电产品不断出现，例如，把电脑和数控技术相结合开发出的数控冰箱、具有模糊逻辑思维功能的电饭煲、变频式空调、全自动洗衣机等。

智能家用电器的智能程度不同，同一类产品的智能程度也有很大差别，一般可分成单项智能和多项智能。单项智能家电只有一种模拟人类智能功能，而在多项智能的家用电器中，有多种模拟人类智能的功能。智能家电目前所采用的智能控制技术主要是模糊控制，少数高档的家用电器也用到神经网络技术（也叫神经

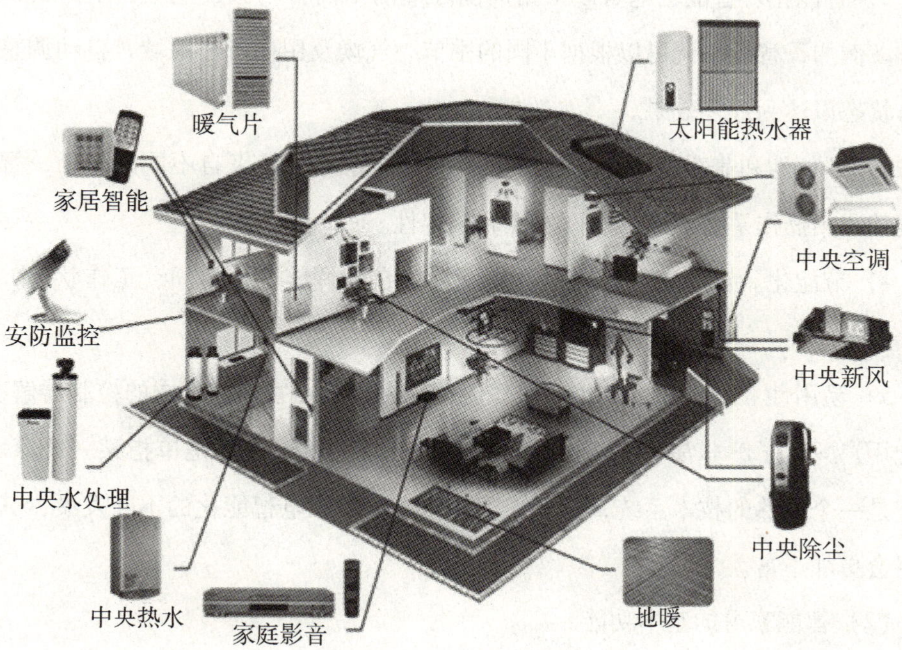

图 7－3　智能家电

网络模糊控制技术)。模糊控制技术目前是在智能家电中使用最广泛的智能控制技术。原因在于这种技术和人的思维有一致性，理解方便且不需要高深的数学知识。不过模糊逻辑及其控制技术也存在一个不足的地方，就是没有学习能力，从而使此类型的家电产品难以积累记忆经验。而知识的获取和经验的积累，并由此所产生新的思维，正是人类智能最明显的体现。家用电器在运行过程中存在环境差异、内部零件损耗及用户使用习惯的不同等问题，这就需要家电能够对这些问题进行学习和处理。

7.3.1　智能家电的鉴别

(1) 智能家电的特点

与传统的家用电器产品相比，智能家电要具有如下特点。

1) 网络化功能。各种智能家电可以同家庭局域网连接到一起，还可以通过家庭网关接口同制造商的服务站点相连，最终可以同互联网相连，实现信息的共享。

2）智能化。智能家电可以根据周围环境的不同自动做出响应，不需要人为操作。例如，智能空调可以根据不同的季节、气候及用户所在地域，自动调整其工作状态以达到最佳效果。

3）开放性和兼容性。由于各个家庭的智能家电可能来自不同的厂商，智能家电的通用操作平台必须具有开发性和兼容性。

4）节能化。智能家电可以根据周围环境自动调整工作时间、工作状态，从而实现节能。

5）易用性。由于复杂的控制操作流程已由内嵌在智能家电中的控制器解决，因此用户只需了解非常简单的操作步骤即可。智能家电并不是单指某一个家电，而应是一个成熟的技术系统，随着人类应用需求和家电智能化的不断发展，其内容将会更加丰富。

（2）智能家电的基本功能

1）通信功能。包括电话、网络、远程控制/报警等。

2）电子产品的智能控制。例如可以自动控制加热时间和温度的微波炉，可以自动调节温度、湿度的智能空调，可以根据命令自动搜索电视节目并摄录的电视机或录像机等。

3）交互式智能控制。可以通过语音识别技术进行声控，或通过各种传感器（如温度、声音、动作等）实现智能家电的动作响应。用户还可以自己定义不同场景下，不同智能家电的不同响应。

4）安全防护功能。包括门禁系统、火灾自动报警、煤气泄漏、漏电、漏水等。

5）健康与医疗功能。包括健康设备监控、远程诊疗、老年人和病人异常监护等。

7.3.2 未来智能家电的前景

据有关数据显示，2011 年 1 月 ~2011 年 7 月，有关智能家电的关键词搜索量与 2010 年同期相比增加了 4 倍以上，且 7 月同期环比增长 33.3%。从中我们看到了智能家电市场在这两年正迅猛发展，用户对于智能家电的认可度也在不断提高。《2013～2017年中国智能家居行业分析与前景预测报告》中介绍了智能家居产业相关概述、国内外智能家居产业整体运行趋势，以及智能家居的市场发展状况、智能家居的市场规模及预测、物联网与智能家居集成应用发展。中国一些生产智能家居的重点企业做了经营状况分析，分析中国智能家居行业的发展趋势及投资前景。

在未来五年，全球智能家电市场将实现2倍增长，从2012年的不足2 000万个节点增长至2017年的9 000多万个节点。其中的主要动力之一，则是越来越多的服务供应商涌入托管式家居控制领域。随着市场的开放，智能家居在中国的发展前景被广泛看好，智能家居市场发展注重品牌和市场定位，未来发展则看重提高性价比。

随着国内宽带网络的普及，使得家家户户都具备了安装智能化系统的基础条件，为智能家居行业做了很好的铺垫。加上近年来智能手机的发展迅猛，使得人们对智能化应用的接受度也大大提高。整个智能家居产业正在迅速成熟，市场也在不断扩大。同时，对智能家居服务业务需求正在不断增大，以智能家居系统设计、安装、维护、个性化开发、系统升级等为主，逐步显示出其市场价值。当然，智能家居市场也存在分布不均、资金支持力度相对缺乏等问题。从2011年的全国数据来看，以广东、深圳为主的华南地区占到总需求量的61%，其次以上海为首的华东地区占16%，以北京为首的华北地区占10%，以重庆为首的华中地区占9%，其他地区均占2%以下。由此可见，目前智能家居市场还主要集中在沿海及经济较为发达的一线城市。此外，普通新建住宅及旧楼的智能家居改造市场暂时还没有被打开，其市场前景也非常广阔。

人类追求美好生活环境的脚步一刻也不会停留。随着网络互联技术的发展和因特网在全球范围的盛行，开放、互联和信息共享已成为信息时代的潮流，构造能够互联、互换、互操作的智能化生活环境，已成为科技工作者和工业制造厂商以及广大群众的共同期望和奋斗目标。这其中，以智能建筑、智能交通、智能家居为代表的三类方向，与生活的接触最为紧密，正如网络改变了人们的思维方式一样，智能化的生活工具也将改变人们的生活方式。以欧美和日本为代表的发达国家已经充分认识到了这一点，纷纷制定本国的战略对策，先行了一步，取得了一些值得借鉴的经验，我国自动化行业人员应该毫不犹豫，努力与世界先进技术接轨，抓住发展的最佳时机，开发中国自己的智能化系统产品，努力铸就民族工业品牌。

8 自动化理念的拓展应用

人类为了生存和发展，必须认识自然和改造自然。自动化技术不仅可以把人类从繁重的劳动以及恶劣、危险的工作环境中解放出来，而且极大地提高劳动生产率，让人们有更多的时间去探索研究自然，从而增强人类认识世界和改造世界的能力。作为信息产业中的重要一员，自动控制技术几乎与所有的现代化工业息息相关。而如今，自动化理念在其他领域也有很大发展。几乎可以这样说，对于一个系统的控制方法研究，就是自动化理念即控制论的主要研究内容，而这个系统可以是神经、生物、医学方面的系统；也可以是工程、通信、技术方面的系统。这些系统可以是大系统，也可以是微系统。下面我们将具体介绍自动化理念在生物控制论、社会与经济控制和系统工程方法中的拓展应用。

8.1 生物控制论及信息处理

大千世界中存在数百万种生物，在长期的进化过程中，沿着从无序到有序、从低级到高级的发展途径，在其体内形成了复杂精巧的自动调节系统，每一种生物都能按照自己的方法适应各自所处的环境，就像一部最灵巧的自动机器。正是由于自动机器和生物都具有反馈控制的共性，使得生物能在千变万化的竞争环境中生存和发展。

生物控制论是探讨有机体中的控制和信息的一般原理，并试图建立有机体中的控制和通信过程的一般语言。其目的主要在于建立能反映人体和动物功能的模型与理论，而且这种模型和理论中的逻辑原理及有机体本身起作用的逻辑原理是相同的。它也试图建立和生物系统有同样的物理与生物化学成分的模型。无论是对生物学还是医学来说，生物控制论都给了它们以一种新的、普遍适用的、能充分发挥数学威力的语言。生物控制论和仿生学、生物医学工程在研究生物系统中控制和通信过程的原理及数学模型时有着共同的内容，但前者着眼于研究生物系统的控制和通信规律本身，后两者则着眼于应用。生物控制论也是理论生物物理的一个分支，只是它是从信息的角度去考虑问题，而理论生物物理的其他分支则更多地从能量的角度去考虑问题。生物控制论由于在研究中广泛地应用了数学工具，因此生物控制论也是生物数学的一个分支。

8.1.1 生物控制系统的组成与特点

（1）生物控制系统的组成

在贝塔朗菲[1]的一般系统论著作中，论述了控制论属于系统论中的具有反馈调控的一类系统研究，生物控制论因而也就成为系统生物学的一个重要组成部分。对自动机和动物来说，假定只着眼于其中的控制与信息过程，大体上它们都有下述机构：

1）专门接收外界信号的接收装置（在动物体中相应的是感受器）。

2）做出反应的执行装置（效应器）和它所作用的受控对象。

3）根据接收装置送来的信号进行处理并决定执行装置应如何动作的控制装置（中枢神经系统），以及这些装置之间的连接线路（传入神经和传出神经）。

一般来说，执行装置动作的结果（受控对象的实际状态）往往通过某些接收装置（感受器或内感受器）而又汇报给控制装置（反馈联系），控制装置即按实际效应与预期目标间的偏差，采取进一步的调节措施，这种过程称为反馈调节。

（2）生物控制系统的特点

在进行生物控制论的研究时，科学家们注意到如下特点：

---

[1] 贝塔朗菲（1901—1972），美籍奥地利生物学家，一般系统论和理论生物学创始人，20世纪50年代提出抗体系统论以及生物学和物理学中的系统论，并倡导系统、整体和计算机数学建模方法和把生物看作开放系统研究的概念，奠基了生态系统、器官系统等层次的系统生物学研究。

1）系统观和整体观。生物控制论在对生命现象的研究中，把所研究的生物系统作为一个由许多次一级的部分相互连接、相互作用并和外界环境相互作用，而且执行着某种统一功能的整体。

2）能量概念不起实质作用。生物控制论着眼于系统各部分之间以及系统和环境之间的信息交换，即信息的接收、传递、处理、存储与反馈，对其他学科来说通常很重要的能量概念，在这里并不起实质性作用。

3）定量化。生物控制论在研究生物系统的动态过程和功能时采取定量的方法，测量与生物系统有关的某些量，并研究这些量之间的数学关系，以形式语言建立起生物系统中信息与控制过程的定量规律，即建立起生物系统的数学模式或在计算机上进行仿真。

和工程控制系统相比，生物系统要复杂得多。生物系统内部结构对研究者来说，一般是不清楚的或不太清楚的，即生物系统是“黑箱”或“灰箱”。生物系统常常是一个分层次的多级控制系统，即存在着不同水平的控制中心；高级控制中心可以控制和修改低级控制中心的活动。例如大脑皮层、脑干和脊髓就是几个不同层次的控制中枢。生物系统还往往是非线性的，即不满足叠加原理（叠加原理是指系统对各个不同刺激组合的反应正相等于它单独对每个刺激所做出反应的相应组合）。生物系统的时变性（系统的结构或参数随时间而变化）也很突出。生物系统通常同时要受到多种因素的影响并做出多种反应，在其内外环境中存在多条反馈回路，即生物系统是多输入、多输出、多回路的系统。生物系统中各个部分之间的相互交联也非常复杂，要把其中的一部分孤立出来而不影响它的正常功能往往很困难。因此，在生物控制论的研究中，还必须注意生物系统的这些特点，把生物学知识和控制论方法结合起来进行研究。

8.1.2 生物控制系统的作用

生物体的结构是多层次的，由亚细胞、细胞到器官和整体，每一层次都有其特殊的调节和控制方式。而且，地球上现存的数百万种生物，它们的控制和处理形式又千差万别。因此，生物控制论研究的范围是极其广泛的，它既为生物医学服务，也为工程技术的发展做出贡献。一方面，利用控制论的理论与方法可解决生物学中的问题，为深入了解生物医学的原理以及解决生物医学中的实际问题提供新的方法与工具；另一方面，通过对光怪陆离的生物世界中各种生物控制和信息处理原理的研究，反过来又为新的工程技术设计提供新的思路。人们在这两方面都已做了大量的工作。

在生物医学领域，很需要控制论这样跨学科的理论和研究方法。由于生物系统十分复杂，大部分还处于人类不清楚的阶段。比如动物和人的脑系统，它是当前生物科学的重大研究课题。据估计，人的大脑皮层有100亿~1 000亿个神经细胞，这些细胞通常被称为神经元，而神经元之间的联系网络呈犬牙交错的立体分布。当大脑皮层中的神经元兴奋而载有外界有关信息时，由大脑中有关神经细胞进行综合处理，将它们变成所需要的决策，并对外界的各种刺激做出反应。因此大脑为自然界中最高级的、最复杂的信息加工与调节控制系统之一。

除了对人脑研究以外，应用控制论解决生理学问题也取得了重要进展。1982年，美国科学家把大白鼠生长激素的基因植入小白鼠的受精卵中，结果培育出来的小白鼠长得非常大，它的照片被各杂志竞相刊登，使这只“超级小鼠”成了轰动一时的动物明星。人们很自然地立刻联想到，如果将此项技术成功地用于渔业和畜牧业，我们不就可以获得个体大、生长快、价格便宜的“超级鱼”“超级鸡”“超级鸭”“超级猪牛羊”了吗？同样，如果用类似的技术把豆类的固氮基因转移到水稻、小麦等农作物的细胞中，那么每一棵植物都成了小的“天然化肥厂”，不用再施化肥而获得高产；如果把抗病虫害的基因移植到农作物体内，则不需要喷洒农药而获取丰收。到那时，我们的环境必将更优美，身体会更加健康。

生物控制论研究得最多、最深入的是器官和生理系统水平上的控制和信息过程。它采用系统分析的方法，研究生理系统中各组成部分是如何相互作用并组成整个系统的，同时建立并分析相应的数学模型，以阐明该系统内在的控制和信息处理机制。几乎已对所有的生理系统进行了系统分析，尤其是关于内环境稳态的研究和感觉-运动系统的研究。例如，已搞清楚整个血压调节系统中，至少有9套反馈系统存在。在运动控制的研究方面，20世纪50年代末L．斯塔科根据反馈系统理论所设计的实验，不仅确定了瞳孔控制系统的数学模型，而且正确地预测了当瞳孔边缘受到恒定光照时会产生自生振荡的现象，同时确定了其振荡频率。这一工作是生理系统分析的经典范例，对其后的工作起了一定的推动作用。到目前为止，在感觉－运动系统的系统分析方面，还是以对瞳孔和眼动控制系统、肢体控制系统以及昆虫视动反应的研究最为活跃。

在生理系统分析中，应用系统辨识和参数估计的方法，可以估计出一些不易直接测定的生理参数，如心输出量等。这在医疗实践上具有临床应用价值。例如，用电子计算机估计出血糖控制系统参数后，据此可得出糖尿病昏迷的最优治疗方案。此外，在记录生理信号时，为了从强背景噪声中提取出有用的信息，广泛地应用数字信号处理技术研究神经系统的信息处理问题。其中以对神经网络和感觉信息处理的研究最为深入。脑理论和脑模型是神经控制论的中心课题。20世纪50年代后期提出的“感知机”，通过训练改变其随机连线的权重，可以“学会”辨识图形，这是一种最简单的脑模型。目前脑模型的研究主要是针对特定的脑结构进行模拟，其中以对小脑和视觉系统的研究最为深入。由于脑的复杂性，这方面的工作还仅仅是开端。

8.2 社会控制与经济控制

社会控制论，即用控制论方法研究社会系统的学科，是控制论的一个分支。天然生命体是大自然几十亿年来在无数偶然事件中逐渐积累进化而形成的高级自组织系统，社会则是在人脑创造性信息选择条件下构成的高级自组织系统。有的社会系统表面上好像是没有目的的，但它可以通过社会选择来寻求自己的目的。在社会系统中存在着自学习的功能。英国 W. R. 阿什比关于没有目的的随机系统会通过学习来寻求自身目的的观点，在社会领域也同样适用。社会控制论的诞生，使人们能深刻地认识到社会系统的奥秘，表明人类创造社会文明已上升到理论上的自觉性阶段。在马克思主义历史唯物主义的指导下，用社会控制论作为一种辅助的工具来研究社会系统的某些侧面，有助于发现社会系统的某些具体规律，从而进行社会预测，为决策者提供决策依据。

8.2.1 社会控制论的由来

1948 年 N. 维纳在《控制论》一书中曾经指出，用控制论方法研究社会系统有两个主要的困难：①极难使观察者与被观察对象间的耦合降到最低限度，相反的，观察者会对被观察对象施加巨大的影响。②社会科学家没有从恒与时间、地点无关的角度来冷静地观察研究对象的那种方便。20 世纪 60 年代以来，经过社会科学家和控制论专家的共同努力，用控制论方法研究社会系统的某些侧面，已经获得相当多的成果。

1975 年在布加勒斯特召开的第三届国际控制论与系统大会上，罗马尼亚控制论专家内戈伊策提出退馈原理。他认为前馈和反馈都是在系统外部研究系统的行为，属于行为研究方法。研究人体系统和社会系统则往往要从内部干预，属于结构研究的范畴，应使用退馈的概念。1978 年在阿姆斯特丹召开的第四届国际控制论与系统大会上，社会控制论正式定名，作为一个学科而诞生。所谓退馈，就是要求系统内部的观察者，将自我认识上升到更高的综合水平。这就需要忽略细节，承认事物间质的差异和边界的相对模糊性。系统的输入和输出都涉及人的主观估计，涉及模糊信息，因而必须用模糊逻辑方法形成模糊分布，才能进行近似描述。

8.2.2 社会控制的模型结构

在社会系统中，观察者与对象往往处于同一层次，无论在物质需求、心理需求和信息需求方面都是不可分的。因此，不可能采用一般自然科学中常用的主客体单向反映的研究方法。最基本的方法是观察者全面参与社会实践，即观察者在一定的初步设想和预估的条件下把自己作为社会系统的一部分，通过反复尝试而选择达到目标的行动；因为实际协调和控制社会系统的信息，既不是观察者外部环境产生的信息，也不是观察者内在认识过程中产生的信息，而是观察者与外部环境不断相互作用而逐步形成的信息。全面参与社会实践的方法，是观察者参与环境、适应环境、改造环境的行动方法。在社会控制论中，一切概念和命题都必须是能实践的，才有定量研究的可能。

从控制论的角度来说，人类社会可被看作是高度复杂的政治－经济－文化－生态综合的多级递阶控制系统。社会的宏观调节和控制依靠各层次之间的双向信息流联系。上级把决策作为命令送到下级，下级把执行情况和环境条件报告上级，上级又根据新的情况做出新的决策送到下级，这就构成社会反馈。人类社会的通信模式多种多样，社会反馈的方式也很繁杂。社会反馈对于社会学和人类学都有重要意义。社会反馈所需的信息流则需要用退馈的方式获得。

在社会系统中，社会结构与社会行为往往是不可分的。要改变系统的行为方式，必须改变系统的结构。社会控制论强调整体结构的协变、子系统结构的协同和子系统行为的互补。H. A. 西蒙提出划分强相互作用和弱相互作用来分解递阶结构的大系统，使人们可在相对独立的条件下考察各子系统结构的协同和行为的互补。

社会控制论模型是一种信息－实践模型。模型设计者要使自己的动作遵循自己规定的规程，因为社会的信息结构蕴含在一切社会成员的参与实践之中，特别是设计者本人的实践之中。社会控制论模型可用于社会预测，及时发现社会的不适应状况，通过退馈的方式获得社会信息，用社会反馈来进行宏观的调节和控制，使社会达到自适应的变化。因此，研究社会控制论模型对优化社会结构、促进社会进化、防止社会灾变有积极的作用。

有人用随机微分方程和分岔理论列出非线性方程组来描述社会系统。非线性相互作用表明了系统的发展会出现几种可能性，这可以用分岔理论来计算，并做出最优选择。但非线性方程组不能唯一确定系统的演化，必然性要通过偶然性来表现。系统处于不同状态时，涨落的作用也不同。在稳定状态时涨落是一种干扰，系统的抗干扰能力使涨落衰减，使系统回到原来的稳定状态；在不稳定状态时，涨落使系统离开原来的稳定状态，涨落被放大，使系统发生质变，变成新的有序状态，即到达新的稳定状况，这就是社会变革。

8.2.3 经济控制论的由来

经济控制论是应用现代控制理论和方法来研究经济系统的演变规律和最优控制的学科。其内容包括经济系统的建模、仿真、辨识、估计以及最优控制或次优控制等。

“经济控制论”这一名词是1952年在巴黎召开的世界控制论大会上首先提出的。1954年，美国数学家R. S. 菲利普斯开始用二阶常微分方程描述宏观经济系统，并讨论了系统的开环控制和闭环控制问题，采用PID（比例－积分－微分）控制原理来改善经济政策的稳定性。20世纪50年代中期，美国H. A. 西蒙等人研究了宏观经济的最优控制问题。20世纪50年代末，波兰科学院应用控制理论的方法建立中央国民经济计划系统模型。从1960年起，有许多有关经济控制论的著作出版，如美国J. W. 福雷斯特的《工业动力学》《城市动力学》《系统动力学》，波兰学者O. 隆盖的《经济控制论导论》，罗马尼亚经济学家、前总理M. 曼内斯库的《经济控制论》等；建立了许多经济控制论模型，并相继出现了许多经济控制论的研究机构。

8.2.4 经济控制论的内容与模型

（1）经济控制论的内容

经济控制论的研究内容主要包括4个方面。

1）经济控制系统的结构理论。主要研究经济系统的稳定性、可控性和可预测性等问题。

2）宏观经济系统的控制和调节。目的是保证整个国民经济保持持续稳定增长和协调发展。

3）微观经济系统的控制和协调。用经济控制论的方法来研究微观经济的控制和协调，对于组织微观经济、促进企业发展 、加速现代化管理等，具有重要的推动作用。

4）经济大系统的递阶控制和分散控制。把国民经济分解成若干子系统，用递阶控制与分散控制相结合的方式协调处理各子系统之间的动态关联，用直接控制与间接控制相结合的方式，使国民经济大系统的前馈控制、反馈控制和自适应控制能够有机配合，充分发挥经济规律的潜在控制作用，保证国民经济的宏观控制和调节达到最优控制和次优控制的目的。

（2）经济控制论的模型

经济控制论的模型是应用经济控制论和现代控制理论对宏观经济系统进行辨识和估计而建立的模型，以便通过计算机仿真运行来实现宏观经济系统的最优控制或次优控制。经济控制论模型是从宏观经济系统总体出发，利用经济控制论以及输入、输出、反馈、协调、优化等基本概念建立的宏观经济系统的数学模型。它为宏观经济系统的最优控制提供了新的思想和工具。

建立经济控制论模型要赋予各种控制概念以明确的经济意义。建立经济控制论模型必须充分考虑宏观经济系统的特点，其中最主要的是：

1）宏观经济系统经常受到人和经济现象不确定因素的制约，它实质上是一个随机性的非线性系统。把它当作线性系统处理是一种近似，会引入很大误差，有时甚至会导致经济振荡。

2）辨识和建模数据大都是周期采样取得的，可供利用的资料不充分，可靠性程度低，在多数情况下都有严重的噪声干扰。

3）宏观经济系统属于大系统范畴，一般难以准确地分解，各子系统的强烈耦合往往造成数学处理上的困难。

4）宏观经济的最优控制受到决策人和系统分析人员主观因素的影响，不同人员可能会对同一系统得出截然不同的结论。

5）描述系统的数学模型常常包括几百甚至成千上万个数学方程。

8.2.5 经济控制的应用

1972年，美国在普林斯顿成立了第一个随机控制和经济研究小组，英国、日本、苏联等国也相继成立了类似的研究机构。中国从20世纪70年代末到80年代初，将经济控制论应用于制定区域的经济、能源、农业等规划。

1985年，从国民经济实际统计数据出发，应用控制理论和系统工程的方法，建立了国家宏观经济的最优控制模型。这个模型是以1985～2000年的历年国民收入总和作为目标函数，以部门的基建投资和更新改造投资作为控制变量，进行了总体优化。模型预测1985～2000年逐年国民经济增长速度和水平，分析了国民经济各部门的结构和重大比例关系的变化趋势、基本建设规模和投资方向、人民生活水平的提高和消费结构的变化等，为制订中、长期规划和政策分析提供了科学依据。

8.3 系统工程

系统工程是一个跨多学科领域的工程，通常专注于如何设计和管理复杂的工程专案。当处理大型、复杂的专案时，所面临的相关问题（如物流、不同团队的协调和机器的自动控制）更加困难。系统工程借由工作流程和工具来处理此一类型的专案，并且与技术和以人为本的学科相互重叠。为了去识别和操控一个系统的整体特性（对于复杂的工程专案而言，可能大于这些零件组成特性的总合）的需求，激发了美国国防部、美国国家航空航天局（NASA）和其他工业采用这门学科的应用。

系统工程是一门高度综合性的管理工程技术，涉及自然科学、社会科学等多门学科。系统工程尽管经历了半个多世纪的发展，但它仍然是一门年轻的科学，还在不断地发展中。它的普遍适用性吸引了许多原来从事不同学科的学者来研究它，这些学者做出了各自的贡献。于是，系统工程出现了不同的流派。其中主要的流派有两个：管理流派和自动化流派。第二次世界大战以后，为适应社会化大生产和复杂的科学技术体系的需要，逐步把自然科学与社会科学中的某些理论、策略和方法联系起来，应用现代数学和电子计算机等工具，解决复杂系统的组织、管理相控制问题，以达到最优设计、最优控制和最优管理的目标。

8.3.1 系统工程方法和应用

系统工程研究问题一般采用先决定整体框架而后进入详细设计的程序，即一般是先进行系统的逻辑思维过程总体设计，然后进行各子系统或具体问题的研究。系统工程方法是以系统整体功能最佳为目标，通过对系统的综合、系统分析构造系统模型来调整改善系统的结构，使之达到整体最优化。研究强调系统与环境的融合，近期利益与长远利益相结合，社会效益、生态效益与经济效益相结合。

构成系统工程的基本要素是人、物、财、目标、机器设备、信息等六大因素。各个因素之间是互相联系、互相制约的关系。系统工程大体上可分为系统开发、系统制造和系统运用三个阶段，每个阶段又可划分为若干小阶段或步骤。系统工程的基本方法是：系统分析、系统设计相关联的综合评价。具体地说，就是用数学模型和逻辑模型来描述系统，通过模拟反映系统的运行，求得系统的最优组合方案和最优的运行方案。20 世纪 70 年代以来，系统工程已被广泛地应用于交通运输、通信、企业生产经营等部门，在体育领域亦有应用价值和广阔的前景。它的基本特点是：把研究对象作为整体看待，要求对任一对象的研究都必须从它的组成、结构、功能、相互联系方式、历史的发展和外部环境等方面进行综合的考察，做到分析与综合的统一。最常用的系统工程方法是系统工程创始人之一霍尔创立的，称为三维结构图：①时间维。对一个具体工程，从规划起一直到更新为止，全部程序可分为规划、拟订方案、研制、生产、安装、运转和更新七个阶段。②逻辑维。对一个大型项目可分为明确目的、指标设计、系统方案组合、系统分析、最优化、做出决定和制订方案七个步骤。③知识维。系统工程需使用各种专业知识，霍尔把这些知识分成工程、医药、建筑、商业、法律、管理、社会科学和艺术等，把这些专业知识称为知识维。

系统工程实际是系统科学的实际应用，可以用于一切有大系统的方面，包括人类社会、生态环境、自然现象、组织管理等，如环境污染、人口增长、交通事故、军备竞赛、化工过程、信息网络等。系统工程是以大型复杂系统为研究对象，按一定目的进行设计、开发、管理与控制，以期达到总体效果最优的理论与方法。系统工程是一门工程技术，但是，系统工程又是一类包括了许多类工程技术的一大工程技术门类，涉及范围很广，不仅要用到数、理、化、生物等自然科学，还要用到社会学、心理学、经济学、医学等与人的思想、行为、能力等有关的学科。系统工程所需要的基础理论包括运筹学、控制论、信息论、管理科学等。20 世纪 80 ~ 90 年代，中国科学与哲学界翻译出版了系列国外系统科学、系统哲学与系统工程名著，举办了系列科学学、科学史与经济系统管理等学术探讨，从 1983 ~ 1993 年，在生物物理学和心理生物学等领域的系统论探讨中产生了系统生物工程等概念与原理等。

系统工程的主要任务是根据总体协调的需要，把自然科学和社会科学中的基础思想、理论、策略和方法等从横的方面联系起来，应用现代数学和电子计算机等工具，对系统的构成要素、组织结构、信息交换和自动控制等功能进行分析研究，借以达到最优化设计、最优控制和最优管理的目标。

8.3.2 系统工程的评价

系统工程研究强调多学科协作，根据研究问题涉及的学科和专业范围，组成一个知识结构合理的专家体系。各类系统问题均可以采用系统工程的方法来研究，系统工程方法具有广泛的适用性，强调多方案设计与评价。而其中的关键点之一是系统评价。

（1）评价的分类

评价是指按照目标测定对象系统的属性，把它变成客观定量或主观效用（满足主体要求的程度）的行为，即明确系统价值的过程。系统评价的分类有以下几种。

1）按评价项目分类。

目标评价。确定系统的目标后，要进行目标评价，以确定目标是否合理。

方案评价。确定目标之后，要进行方案评价，选择最优方案。

设计评价。对系统设计进行评价。

计划评价。

规划评价。

2）按评价的时间顺序分类。

事前评价。系统开发之前进行的评价，是为了提高系统性能，在进行系统规划研究时进行的评价。由于没有系统实体，一般用预测或仿真的方法。

中间评价。在系统计划实施过程中期进行的评价。

事后评价。在开发完成之后进行的评价，评价系统是否达到了预期目标。

跟踪评价。系统运行一段时间后才会发现有些意想不到的后效，因此要重新评价。

3）按评价内容分类。

技术评价。技术评价围绕系统功能来进行，评定系统技术方案能否实现所需的功能。

经济评价。经济评价是围绕经济效益进行的，内容主要是以成本 – 效益为代表的经济可行性分析。

社会评价。社会评价是针对系统给社会带来的利益或影响而进行的评价。

综合评价。综合评价是在上述三个方面评价的基础上，对系统方案价值的大小所做的综合评定。

（2）评价的原则

评价的原则是要保证评价具有一定的客观性，要保证方案的可比性，评价指标要成体系评价准则与效用函数。多目标系统中，不同目标要用不同的准则来衡量。如果要从总体上评价某一备选方案对于全体目标的合意程度，那就有必要将上述用各种度量单位表示的准则规划为统一的数量标度或测度。

（3）评价的方法

评价方法有：

1）单项评价法。单项评价方法主要指利用经济理论和技术水平对系统的某个方面做出定量评价的方法。

2）经济评价方法。主要有价值分析法、成本效益法、利润评价法等。

3）技术评价方法。主要有可行性分析法、可靠性评价法等。

评价过后，则需要进行决策。狭义地说，决策指的是在几种行为方案中做出选择；广义地讲，决策还包括在做出最后选择前所进行的一切思维活动。决策分析包括收集可行性方案、对未来进行预测、建立目标集、优化分析各种可行方案并给出结果，等等，每个环节的工作都要依靠决策者和专家的知识、经验和胆识。

至此，相信大家对自动化理念有了更深的理解，这种理念不仅仅应用在工业领域，在生物、通信、经济、社会等领域都有涉及，而且通过人们的不断探索、研究，也在相关领域取得了骄人的成绩，同时如果同学们能多多学习相关学科，对自动化专业的学习也是很有帮助的。

数学家维纳当年给“研究动物与机器的控制与通信的科学”起了个名字，叫作控制论，从此奠定自动化技术的概念基础。今天，控制论依旧处于幼年时期。但是它的内容大大地丰富了，范围大大地扩大了，所研究的系统大大地复杂了。有人曾这样描述控制论：控制论是一门多学科的边缘科学，它有许多脚，一只脚在大脑，一只脚在计算机，一只脚在生态学，一只脚在经济学……也有人说：控制论借助通信与控制理论来描述生物系统与其他系统。所谓系统，是指由一些相互关联着的部分组成的一个整体的总称。那么，控制论就是研究这些系统中的信息的传播、加工、存储、处理及控制的科学。从控制论的角度对控制系统感兴趣的是环节之间的信息传递，而且也只有以信息的概念才能理解发生在各种各样控制系统中的过程。控制论是用模型来描述系统的。从实验提取模型，又用实验检验模型。从实验提出模型的方法称为综合方法，用实验检验模型的方法称为解析方法。综合与解析过程的循环往复，就会使模型一步步提高。因此，在各种拓展领域中的应用发展，才是自动化这门学科发展辉煌时期的到来。

结语

相较于其他科学技术，自动化听起来像是一个枯燥、不那么有意思的领域。但其实从 1788 年瓦特发明蒸汽机转速调节器开始，人类就已经朝着自动化的道路上大步前行，不再回头了。到了现代，自动化更是得到了飞速的发展和普及，恐怕只要不是那些生活在原始丛林里的部落成员，每一个人都或多或少、直接或间接地在感知自动化、接触自动化并受益于自动化，自动化与我们的生活息息相关。试想一下：

看到智能手机提示下一班 × 路公交车距离所在位置还有一站，你开始洗洗脸，关掉电视，从容地下楼，正好搭上这一路车。

车子停放在巨大的停车场里，回头只需要用手机上的定位软件，便可轻松地找到自己车的位置。

观众买电影票不再排队，只要上网操作一下，连座位都可选定好，零食饮料也都买好了。

要去好几个地方出差，再不需要在车站提前排队购车票。只需在网上的购票系统上操作一下，来去的车票都轻松搞定。到时候上车前只需拿身份证在车站的自动取票机上取票即可。

主妇把衣服往洗衣机里一放就去看电视了，回来时衣服都已经烘干过了。

……

这些全是生活中自动化技术的应用，我们每个人都看得见、摸得着、用得到它。未来的几年、乃至几十年，将是自动化技术蓬勃发展的时期。实现中华民族的全面复兴，我们要发射探索更远太空的飞船、要建造飞得更快更安全的飞机、要造跑得更快更安全的高速列车、要造航行得更远更快的轮船……这些都离不开自动化技术。

早在自动化技术科学形成之初，控制论的奠基人、美籍犹太学者维纳（N. Wiener，1894—1964）就预见到自动化将给社会带来一次新的工业革命。维纳第一个把控制论引起的自动化同“第二次工业革命”联系起来，并提高到相当的高度来认识。英国物理学家、科学史家贝尔纳（J. D. Bernal，1901—1971）于1954年也曾说过：“我们有理由提到一次新的工业革命，因为我们引用了电子装置所能提供的控制因素、判断因素和精密因素，还有进行工业操作的速度大大增加了。巨型的自动化生产线，甚至完全自动化的工厂都有了……”。他还认为自动化的兴起不仅是一次“新的工业革命”，而且“这场革命或许可以更公允地叫作第一次科学－技术革命”。

现代化的工厂使用各种自动化的装置或系统来完成产品的生产、加工、运输、储存。这些自动化的装置或系统包括了机器人、数控车床等。自动化在工厂中的广泛使用使得生产过程的效率更高、成本更低，产品质量更好、竞争力更强、对环境的影响和冲击更小、并显著地降低能源和原材料消耗。

随着信息化建设的不断深入，数字化装备、智能装备、工业机器人需求日益增加，我国装备工业的信息化、工业自动化水平已走在世界前列并不断提高。据机械工业联合会统计，目前我国机械行业已有87%的企业设立了信息化机构，90%的企业制定了信息化规划。随着信息化的逐步推进，我国装备工业规模迅速增长，国际地位不断提高。“十一五”期间，我国装备工业增加值年均增速超过20%。目前，我国在常规发电装备、港口机械、水泥成套设备、船舶等制造领域，已走在世界前列，与工业发达国家之间的差距正在逐步缩小。

自动化在交通上也得到了较为广泛的使用。比如综合运用计算机、通信、检测、自动控制等先进技术，可实现对交通运输系统的自动化管理和控制。使得交通运输变得更加安全、快捷、舒适、准点和经济。无论是公路交通、公共交通服务，还是城市轨道，都已有对应的自动化解决方案。通过车站内无处不在的信息提示，目的地各异的乘客，能够顺利找到正确的站台；通过电子站牌，乘客可以得知车辆到站的准确时间；通过自动售检票系统，即使是流量庞大的捷运，也能高速顺畅地完成自助购票检票流程。要实现前述情景，就必须仰赖对大量信息的收集、处理、发布、交换、分析、利用，而与之息息相关的嵌入式技术、工业通信、智能设备终端等自动化技术。

例如轨道交通控制系统，包括列车的行驶控制系统，轨道上的信号控制、通信指挥调度都必须用到工业计算机，而月台服务系统则包括乘客服务与安全监控，乘客服务包括自动售检票系统、车站乘客信息系统，安全监控则为防灾报警自动系统。而高速公路的收费系统，也已经大量自动化，其中最重要的自动化技术之一，就是影像辨识技术，而且配合不同需求，还可能衍生出更多的自动化应用。又如公交系统可以利用收费自动化技术的传感器，侦测行车速度，只要车速超过缺省值，就启动摄影机记录车牌，并作为举发依据，减轻警力负担，提高举报效率。

自动化在军事上使用的核心是武器装备的自动化和军事指挥的自动化。传统的机械化战争正转变为信息化和自动化战争，信息化和自动化水平的高低很大程度上决定了战争的胜负。

第二次世界大战中，对火炮、雷达、战斗机等设计和生产的需要，促使更多的工程师、学者投入军事工程的研究，在总结以往自动调节器、反馈放大器等控制技术的基础上，逐渐形成了调节原理、伺服系统理论，并以此为指导，生产了战时所需的具有高精度、快速响应的伺服机构的武器装备。战后陆续公开了这些理论并推广应用于一般工业生产。如由美国麻省理工学院物理学家詹姆斯、工程师尼克尔斯和数学家菲利浦于 1947 年出版的《伺服机构原理》一书，系统总结了战时共同研究的成果，从而促进了向民用工业的移植。

从广义上讲，自动化还包括模拟或再现人的智能活动，也就是说，人工智能其实是自动化概念的外延。

说到人工智能，它在人们的实际生活中占有着很重要的部分，从交通红绿灯，到汽车制造设备，再到人造地球卫星，智能机械无处不在。它是包括十分广泛的科学，它由不同的领域组成，如机器学习，计算机视觉等，人工智能研究的一个主要目标是使机器能够胜任一些通常需要人类智能才能完成的复杂工作。复杂工作的定义是随着时代的发展和技术的进步而变化的，人工智能这门科学的具体目标也自然随着时代的变化而发展。

自动化与人工智能的结合，将是未来自动化发展的大方向。人工智能还影响了人们的文化和娱乐生活，引发人们更深层次的精神和哲学层面的思考，也许有一天，我们最需要关注的不是那些看起来很酷的自动化技术，而是那些从施瓦辛格主演的《终结者》系列，到基努·里维斯主演的《黑客帝国》系列以及斯皮尔伯格导演的《人工智能》电影里，都有意无意的提出的同样问题：我们应该怎样使用这些自动化智能设备，如何看待人工智能，让它模拟人类，从而更好地为人类服务。

参考文献

[1] 周献中．自动化导论［M］．北京：科学出版社，2009。

[2] 胡寿松．自动控制原理．5 版．［M］．北京：科学出版社，2012。

[3] 吴麒，王诗宓．自动控制原理．2 版．［M］．北京：清华大学出版社，2006。

[4] 刘豹，唐万生．现代控制理论．3 版．［M］．北京：机械工业出版社，2011。

[5] 刘金琨．智能控制．2 版．［M］．北京：电子工业出版社，2009。

[6] 王永胜．智能仪表技术及工业自动化应用发展探讨［J］．自动化博览，2009，6：44－47。

[7] 周晓兵．以太网在工业自动化领域中的应用现状和发展前景［J］，自动化仪表，2001，22（10）：1－4。

[8] 孟庆鑫，王晓东．机器人技术基础［M］．哈尔滨：哈尔滨工业大学出版社，2006。

[9] 王耀南．机器人智能控制工程［M］．北京：科学出版社，2004。

[10] 顾震宇．全球工业机器人产业现状与趋势［J］．机电一体化，2006（2）：6－9。

[11] 张杨林．国内工业机器人市场及发展趋势［J］．大众科技，2006（6）：190－192。

[12] 房鸿瑞．遥测技术发展随想［J］．遥测遥控，2000（6）。

[13] 秦才江，刘春文，金少华，等．遥感、遥测信息在短时预报中的综合分析及应用［J］．气象研究与应用．2007，28（9）：113－115。

[14] 王坚，滑坡灾害遥感遥测预警理论及方法［J］．测绘学报．2007。

[15] 赵学霞，张天平．遥测心电监护临床应用及护理［J］．宁夏医科大学学报，2010（3）。

后记

自动化技术是第二次工业革命以后发展并成熟起来的一门控制技术，它内涵丰富、外延广阔，是现代化工业建立与发展的一个重要支柱技术，是关系到国民经济发展和人们生活改善的关键技术之一，也是本世纪工业发展的一项至关重要的关键技术，其地位的重要性不言而喻。让青少年读者了解自动化技术，对自动化技术产生兴趣，并在将来选择相关的专业学习，成长为国家需要的自动化技术人才，是本书的写作目的。

本书由黄凤芝负责第一章和第二章的编写工作，张世杰负责第三章、第四章和第五章的编写工作，吴翔负责第六章、第七章和第八章的编写工作。张元等进行了审稿，给出了修改意见，并撰写了引言、后记等内容。